Sophia Kimmig
Von Füchsen und Menschen

Sophia Kimmig

Von Füchsen und Menschen

Auf den Spuren unserer schlauen Nachbarn – als Wildbiologin unterwegs in der Großstadt

Mit 57 farbigen Abbildungen, 20 Illustrationen und einer Karte

MALIK

Mehr über unsere Autoren, Autorinnen und Bücher:
www.malik.de

Unser Versprechen für mehr Nachhaltigkeit
• Klimaneutrales Produkt
• FSC®-zertifiziertes Papier
• Hergestellt in Deutschland

FSC www.fsc.org MIX Papier aus verantwortungsvollen Quellen FSC® C083411

ISBN 978-3-89029-547-3
2. Auflage 2021

Bildteilfotos: Sophia Kimmig, mit Ausnahme der Fotos auf Seite 1: Sergio Cerrato/pixabay; 4: Neal Herbert, US National Park Service; 5 unten: Lena Hamelbeck Galle/SWT; 9: Jon Juarez; 12 oben: FoxTerrier/pixabay; 12 unten: Lord K. et al 2020. »The history of farm foxes. Trends in ecology & evolution«; 13 oben links: David De Lantsheer; 13 oben rechts: Petra Wenzel; 13 unten: Felix Hackenbruch (Text) und Christian Meyer (Bild); 14 oben: Hannelore Schild-Vogel; 14 unten: Stephanie Klinger; 15 unten beide, 20 unten beide, 24: Anselm Kissel; 17 unten rechts: Manuela Merling de Chapa; 19 oben: Konstantin Börner; 20 oben: Stephanie Kramer-Schadt; 21 unten: Rosie Koch; 22 oben, 23 oben: Roland Gockel; 22 unten: Geoportal Berlin/TrueDOP20RGB 2020 (Karte)
Illustrationen: Sophia Kimmig
Satz: Uhl+Massopust, Aalen
Gesetzt aus der Calluna
Litho: Lorenz & Zeller, Inning am Ammersee
Druck und Bindung: CPI Books GmbH, Leck
Printed in the EU

»Ich gehe in der Fährte des Fuchses, der einige Stunden vor mir dort getrabt ist [...], und bin in solch gespannter Erwartung, als wäre ich dem Geist dieser Wälder selbst auf der Spur.«

Henry David Thoreau,
29. Januar 1841, in seinem Tagebuch

Inhalt

Auf den Fuchs gekommen 11

Exkurs: Fuchsvokabeln 19

Gestatten, Meister Reinecke 25

Füchse, wohin man schaut 47

Faszination und Furcht – Fuchs und Mensch 55

Von Füchsen und anderen Stadtbewohnern 101

Dem Fuchs auf der Spur 135

Aus dem Leben meiner Füchse 199

Über den Tellerrand 217

Epilog 247

Dank 253

FOX FUN FACT

Katzenhund

Der britische Fuchsforscher David Macdonald hat mal gesagt, der Fuchs sei die Katze unter den Hunden. Eine treffende Bezeichnung. Nicht nur die Form der Pupillen und die grazilen Bewegungen erinnern an Katzen. Füchse balancieren leichtfüßig über schmale Zäune und sind die einzigen Hunde, die richtig klettern (besonders gut macht das der Graufuchs) und ihre Krallen teilweise einziehen können. Außerdem sind sie genau wie unsere Hauskatzen auf das Jagen von Mäusen spezialisiert.
Füchse halten sich selbst hingegen offenbar nicht für Katzen: Im Gegensatz zu kleinen Hunden, die gerne als Konkurrenz betrachtet und vertrieben werden, stören sie sich nicht an der Gegenwart von Hauskatzen.

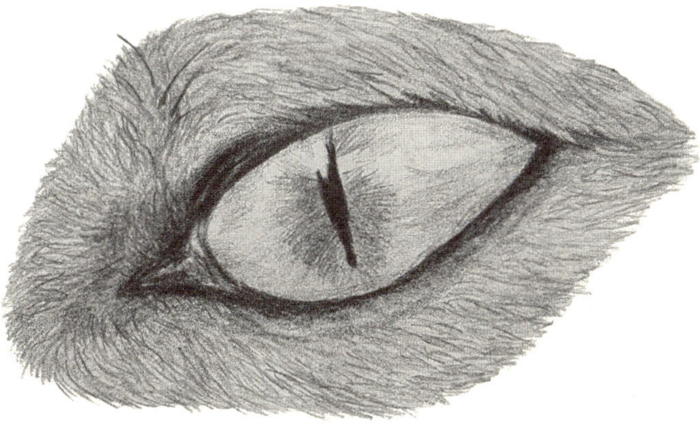

Auf den Fuchs gekommen

Ich trage eine Fuchsbrille. Eine Brille, die mich eine verborgene Welt sehen lässt, die ich ohne nicht bemerkt habe. Wenn ich mich durch die Stadt bewege, sehe ich sie. Überall. Was früher nur eine Böschung am Bahndamm war, ist heute ein potenzielles Fuchszuhause. Die sandige Stelle da vorne sieht aus wie der ideale Ort für einen Fuchsbau. Ob hier einer ist, frage ich mich. Ein einzelner verschlissener Schuh, der abseits des Bürgersteigs liegt, ist vielleicht das verlorene Spielzeug eines Fuchswelpen, der seine Milchzähne in das Leder getrieben hat und mit seinen Wurfgeschwistern spielerisch um diese Beute rangelte. Oder diese Baustelle, die letzten Monat noch eine Brachfläche war, dort hat bestimmt eine Fuchsfamilie gelebt. Wo sie wohl hingezogen ist?

Ich fahre mit der S-Bahn durch Berlin und suche im Vorbeifahren die Böschungen entlang der Gleise ab, suche nach Anzeichen dafür, dass er hier gewesen ist, der Fuchs. Dieses wunderschöne, mystische Wesen, auf dessen Spuren ich seit fast sechs Jahren wandle und um das ein großer Teil meines Lebens kreist.

Als ich nach Berlin kam, hatte ich natürlich den einen oder anderen Fuchs gesehen. Ich bin naturnah in einer

Kleinstadt im Odenwald aufgewachsen, umgeben von herrlichen alten Buchenwäldern. Die Wälder, Wiesen und Bäche waren ein toller Spielplatz, und ich war ein richtiges »Draußenkind«. Man setzte mich auf eine Wiese mit Blumen und Schmetterlingen, und ich war beschäftigt und zufrieden.

Eigentlich ist das heute immer noch so. Nur dass sich der Blickwinkel verändert hat. Durch mein Biologiestudium habe ich einige der unzähligen spannenden Fragen über das Wunderwerk Leben, die mir als Kind als großes Rätsel erschienen, für mich entschlüsseln können. Warum wachsen diese Blumen auf genau dieser Wiese? Warum sind einige gelb, andere rot oder blau, und warum ist die Wiese grün? Wie funktioniert Fotosynthese, mit der den Pflanzen Unglaubliches gelingt, nämlich aus Luft und Licht ihre Nahrung herzustellen? Wie sieht eine Blume eigentlich für eine Biene aus? Wie viele Arten, die für unsere Augen unsichtbar sind, leben wohl im Boden unter der Grasnarbe? Wieso singt der Vogel in der Hecke, und warum ist das Männchen in buntes und das Weibchen in schlichtes Gefieder gekleidet?

Betrachtet man nur das kleine Fleckchen Wiese genauer, auf dem Mensch, möglicherweise picknickend oder in einem Buch schmökernd, sitzt, nichts ahnend von all der Komplexität um ihn herum, dann entpuppt es sich als eine ganz neue Welt. Ein Ökosystem, ja ein riesiges Netz, in dem jeder und alles miteinander verbunden ist. Je genauer man hinsieht, desto mehr gibt es zu entdecken. Hinter jeder Antwort, die man findet, verbergen sich drei neue Fragen. Biologie ist die Wissenschaft des Lebens oder all dessen, was lebt. Sie möchte alles Lebendige um uns und in uns verstehen und muss naturgemäß an diesem hehren Ziel scheitern. Viel zu komplex ist das Leben, als dass wir es jemals in all seinen Einzelheiten erfassen könnten. Aber es macht verdammt viel Spaß, es zu versuchen!

Wenn ich heute auf einer Wiese sitze, sehe ich die Welt also mit anderen Augen. Ich beobachte meine Umgebung voller Ehrfurcht und Staunen, denn ich erahne den Mikrokosmos um mich herum. Ich sehe ein winziges Flackern der komplexen Welt hinter den Dingen und freue mich. Ich freue mich, wenn ich mancher Kindheitsrätsel Lösungen sehe, das eine oder andere Gewächs erkenne oder das Gezwitscher aus der Hecke Blaumeise oder Mönchsgrasmücke zuordnen kann.

Die Begeisterung für die Pflanzen- und vor allem die Tierwelt trage ich in mir, solange ich mich zurückerinnern kann. Von klein auf habe ich dabei versucht, meine Eindrücke in Bildern festzuhalten. Beim Durchstöbern alter Kinderbilder nach einem Umzug fiel mir vor einiger Zeit ein Bild in die Hände, das einen Fuchs zeigte. Oder vielmehr zeigen sollte, denn diesen roten, unförmigen Klecks auf grünem Gekrakel konnte man nur mit viel Fantasie und Wohlwollen als Fuchs identifizieren. Aber: Der Wille war da. Bis heute zeichne ich Tiere, Pflanzen und Landschaften, und auch in diese künstlerischen Aktivitäten hat sich der Fuchs geschlichen. Wenn ich ihm nicht auf den Fersen bin, dann widme ich mich ihm mit Stift und Papier.

Man könnte also meinen, dass auch der Fuchs mich schon mein Leben lang begleitet. Doch trotz der ländlichen Umgebung, in der ich aufwuchs, war der Fuchs in meiner Kindheit ein selten gesehener Gast. Da hörte man nur nachts gelegentlich ein heiseres Bellen irgendwo aus dem Dunkeln oder sah einen Schatten in der Dämmerung vorbeihuschen. Mit viel Glück konnte ich das scheue Raubtier manchmal über abgemähte Stoppelfelder laufen sehen, wenn ich bei Fahrten über Landstraßen und durch Dörfer mit platt gedrückter Nase an der Fensterscheibe auf dem Rücksitz saß. Der Fuchs im Wald und auf den Wiesen und Feldern ist ein meist unsichtbarer und heimlicher Nachbar.

Meine erste nahe und intensive Fuchsbegegnung hatte ich ausgerechnet in der Großstadt. Plötzlich war er da, mitten auf dem Bürgersteig, und sah mich an – und ich ihn. Eine gefühlte Ewigkeit passierte nichts, dann zog er davon. Der Fuchs war möglicherweise kurz irritiert und dann gleichgültig. Schließlich war ich nur einer von über drei Millionen Menschen, die man hier nun mal so antrifft, wenn man auf dem Bordstein flaniert. Ich dagegen war fasziniert! Das Grinsen in meinem Gesicht und die Freude über dieses Erlebnis trug ich den ganzen Tag mit mir herum.

Auf diese eine Begegnung folgten noch viele weitere, und nun ist er aus meinem Leben kaum noch wegzudenken, der Fuchs. Wenn etwas einmal einen festen Platz in unserem Denken eingenommen hat, ist es fast unmöglich, die vorherige Perspektive wieder einzunehmen. Ich kann meine Fuchsbrille also nicht mehr absetzen. Ich möchte es auch gar nicht, und so sehe ich nun überall Füchse. Meine persönliche Berliner Landkarte teilt sich auf in Fuchsreviere, -anekdoten und Erinnerungen an Füchse, die ich im Laufe meiner Arbeit beobachtet oder sogar gefangen und in Händen gehalten habe, bevor sie, versehen mit einem GPS-Tracker, wieder ihrer Wege gingen. Der Norden gehört Nikita, der Westen Frida, und ein Stück der Berliner Ringbahntrasse ist das vielleicht merkwürdigste Fuchsrevier Berlins, das der Füchsin Hazel.

Als ich anfing, im Rahmen meiner Doktorarbeit am Leibniz-Institut für Zoo- und Wildtierforschung in Berlin Füchse zu erforschen, hätte ich nie gedacht, auf welche Reise mich die Füchse schicken würden. Ich habe Einblicke in die Wasserversorgung der Stadtbevölkerung bekommen, vor riesigen Müllbergen gestanden und jenen Respekt gezollt, die täglich hinter uns aufräumen, habe erklärt bekommen, was die Restaurierung von Gemälden in Friedhofskrypten mit Salz zu tun hat, Bienenstöcke begutachtet, bin mit japanischen Bildkünstlern durch die Gegend gefahren, bei der Fuchssuche mit Antenne (dem Telemetrieren) von der Polizei angehalten worden und habe mit Bundespolizisten Gespräche über die Namen »ihrer« Eichhörnchen geführt. Niemals hätte ich mir vor Beginn dieses Forschungsprojekts träumen lassen, dass der Fuchs nicht nur mein Wissen erweitern, sondern mir auch neue Horizonte eröffnen würde.

Von alldem und noch viel mehr erzähle ich in diesem Buch. Es ist kein reines Sachbuch voll harter Fakten (obwohl auch die natürlich eine Rolle spielen werden), denn derer wurden bereits einige tolle Bücher geschrieben. Viele davon stehen in meinem Regal, und ich nehme sie immer wieder gerne zur Hand. Geschätzte

Kollegen haben dort in liebevoller Detailarbeit Faktenwissen, Zahlen und Daten über den Fuchs zusammengetragen. Doch dieses Buch ist mein ganz persönlicher Reisebericht. Der Bericht eines kleinen Abenteuers, das nicht an exotischen Schauplätzen stattfindet und in dem es keine großen Dramen und Wendungen gibt. Es gibt nur ihn, den Fuchs, die Erlebnisse und Einblicke, die er mir gewährt hat, und meine tiefe Faszination für ihn.

FOX FUN FACT

Zarter Räuber

Größe und Gewicht von Füchsen werden häufig deutlich überschätzt. Durch die langen Beine und das dicke Fell wirken sie massiger, als sie sind – besonders wenn sie ihr dichtes Winterfell tragen. Die meisten Menschen schätzen, dass Füchse circa fünfzehn Kilogramm wiegen. Tatsächlich bringen sie bei einer Schulterhöhe von 35 bis 50 Zentimetern im Mittel lediglich fünf bis sieben Kilogramm auf die Waage. Mit einer (ohnehin sehr wehrhaften) Hauskatze würde sich ein Fuchs daher beispielsweise nicht anlegen.

Exkurs: Fuchsvokabeln

Bevor wir loslegen können, sollten wir noch ein paar Begrifflichkeiten klären. Denn wenn es um den Fuchs geht, kann es durchaus kryptisch werden. Jäger und manch andere sprechen von »Geheck« oder einem »befahrenen Bau«. Da stellt sich die Frage: Gibt es eine Fuchsverschwörung? Wirkt da draußen eine geheime Loge, die sich ihr eigenes Vokabular geschaffen hat, um vor unser aller Ohren unbemerkt über den Fuchs sprechen zu können? Vermutlich eher nicht. Aber es gibt diese eigenwillige Sprache, die man beherrschen oder zumindest kennen muss, wenn man manchem Fuchsgespräch folgen oder gar mitreden können möchte.

In dieser Jägersprache haben die Tiere und ihre Umwelt allerlei seltsame Namen, bei denen man als Außenstehender oft nur rätselraten kann. Wissen Sie zum Beispiel, was ein »Bär« ist? Nein, es handelt sich nicht um den großen, braunen und pelzigen Zeitgenossen, an den Sie jetzt sofort denken und den wir in unseren Wäldern vor langer Zeit ausgerottet haben. Die Rede ist vielmehr von einem männlichen Murmeltier. Auch mit der »Katze« ist in der Jägersprache weder unsere Hauskatze gemeint noch ihr wildes Pendant, die Wildkatze, sondern das zum »Bären« gehörende weibliche Murmeltier. Um Familie Murmeltier zu vervollständigen, fehlen uns jetzt noch die »Affen«. Sie ahnen es sicherlich bereits, das sind die Jungen der Murmeltiere. Wussten Sie außerdem, dass der »Bürzel«, der Federschwanz einer Ente, nur durch Austausch des ersten Buchstabens nun als »Pürzel« dem gestreiften Dachs den Hintern schmückt?

Eine Tierwelt, in der ein Bär und eine Katze gemeinsam einen Affen gebären, mutet doch befremdlich an. Damit Sie beim nächsten Fuchsexpertengespräch mitreden können, möchte ich Ihnen die entsprechenden Begrifflichkeiten kurz vorstellen.

Fangen wir also mit unserer kleinen Einführung in das Fuchsvokabular an: Der männliche Fuchs ist der »Rüde«, das Weibchen die »Fähe«. Bekommt die Fähe ihre Welpen, »wölft« sie, und alle Nachkommen zusammen bilden das »Geheck«. Wird ein Fuchsbau aktiv genutzt, nennt man ihn »befahren«. Wenn ein Fuchs »einfährt«, tritt er entsprechend keine Haftstrafe an, sondern begibt sich in seinen Bau.

Dann sind da noch die Körperteile des Fuchses: Das Maul heißt »Fang« und die Eckzähne darin »Haken«. Die Beine sind »Läufe«, die Pfoten »Branten« oder »Pranten«. Das Fell ist, je nach Jahreszeit, der Sommer- oder Winter-»Balg«, und der buschige Schwanz, der mit der weißen »Blume« endet, ist die »Lunte« – nicht zu verwechseln mit der »Rute«, die das männliche Geschlechtsteil meint. Hier herrscht also auch noch Fettnäpfchen-Gefahr.

Zugegebenermaßen kannte ich all diese Begriffe auch nicht, als ich anfing, mit Füchsen zu arbeiten. Ein Kollege bat mich einmal, für eine andere Kollegin einzuspringen und beim Anlegen eines GPS-Halsbandsenders an einen Fuchs zu helfen. Gefangen hatte diesen Fuchs ein Jäger, der seinen Fang dann meinen Kollegen gemeldet hatte. So bekam der Jäger eine Aufwandsentschädigung und der Fuchs statt des sicheren Todes ein zweites Leben im Dienst der Forschung.

Nun hatte besagter Jäger anscheinend nicht mit einer jungen Frau gerechnet (zu seiner Verteidigung muss an dieser Stelle erwähnt werden, dass die meisten Jäger Männer und jenseits der fünfzig sind). Zu der Tatsache, dass ich jung und weiblich bin, kam natürlich erschwerend hinzu, dass ich keine Jägerin, sondern Wildbiologin bin – also mit anderen Worten ein Grünschnabel von der Universität. Diese Gelegenheit musste der Mann natürlich nutzen, um mein Fachwissen zu testen und mir etwas beizubringen. Es folgte eine Art Fuchsquiz, in dem ich unter anderem freundlich dazu aufgefordert wurde, die verschiedenen Körperteile des Fuchses zu benennen. Ich tat wie geheißen und versteckte mein Lächeln über diesen kleinen Test hinter meinem Schal. Zum Glück hatte ich die richtigen Vokabeln zu diesem Zeitpunkt bereits gelernt und bestand.

Inzwischen schaffe ich es auch, seriös zu gucken und zu nicken, wenn mir jemand mal wieder einen »befahrenen« Bau zeigt, und ich teile mein neu gewonnenes Wissen mit anderen. Ich muss jedoch gestehen, dass ich innerlich noch immer schmunzeln muss, wenn ich diese Begriffe höre. Meine schon immer ausgeprägte Vorstellungskraft ist dabei wenig hilfreich. Da sehe ich mitten im Gespräch vor meinem inneren Auge Füchse auf

Bobbycars in ihre Baue hineinfahren und hupen oder beobachte amüsiert, wie die »Lunte« abbrennt und eine Art Fuchs-Piñata mit einem lauten Knall in bunten Fetzen explodiert.

Ich weiß nicht, welche Bilder Ihnen bei dem ein oder anderen Begriff so durch den Kopf spuken. Wenn Sie es nicht schon vorher getan haben, gehören nun jedenfalls auch Sie zu den Eingeweihten und dürfen innerlich schmunzeln und sich Ihren Teil denken, wenn Sie mal jemanden treffen sollten, der Fuchslatein spricht.

FOX FUN FACT

Familie Fuchs

Ebenso wie wir Menschen gehören Füchse zu den wenigen Säugetieren, bei denen die Eltern ihren Nachwuchs gemeinsam aufziehen. Schon während der Schwangerschaft kümmert sich der Rüde um seine kleine Familie, indem er dem Weibchen Futter bringt. Auch nach der Geburt beschafft er Nahrung, während die Mutter die Welpen säugt. Später versorgen Fuchsmutter und Fuchsvater gemeinsam die Welpen, spielen mit ihnen und nehmen sie mit auf Ausflüge, damit sie lernen, sich selbst zu versorgen. Fehlt der Vater bei der Aufzucht, haben Fähe und Welpen es schwer.

Gestatten, Meister Reinecke

Der Rotfuchs ist der heimliche König der Tiere. Auch wenn diesen Titel seit Disneys »König der Löwen« offiziell der afrikanische Löwe trägt oder – um mit Bambi mehr in unseren Breiten zu bleiben – der Hirsch, hat sich der kleine rote Räuber an die Spitze der weltweiten Verbreitung aller Landraubtiere geschlichen. Er ist dort, zumindest in Europa, leise und oftmals unbemerkt angekommen – quasi ein Siegeszug, ohne jemandem unterwegs auf die Füße zu treten.

Vulpes vulpes, wie der Rotfuchs mit seinem wissenschaftlichen Namen heißt, gehört zu den mittelgroßen Raubsäugetieren und besiedelt eine unglaubliche Vielfalt an Lebensräumen. Er ist auf dem nordamerikanischen Kontinent und in Eurasien, in den heißen Wüsten Nordafrikas und nördlich des Polarkreises zu Hause (dort macht er seinem Verwandten, dem Polarfuchs, ziemlich Konkurrenz). In den letzten fünfzig Jahren ist er zudem mehr und mehr in unsere Städte vorgedrungen, wo er nun zwischen Gartenhütten, Bahndämmen und Friedhöfen lebt und anscheinend ebenfalls ganz gut zurechtkommt.

Eine große Ausnahme von der »unbemerkten« Ausbreitung des Fuchses sind der australische Kontinent und Tasmanien. In Australien ist unser heimischer Rotfuchs eine invasive Art, also ein eingeschleppter Neubürger, dessen Anwesenheit dem vorhandenen Ökosystem Schaden zufügt. Ein Prädator wie der Fuchs ist im australischen Ökosystem schlicht nicht vorgesehen, mit verheerenden Auswirkungen für die lokale Tierwelt. Nachvollziehbar, dass der Fuchs dort nicht so positiv wegkommt wie meist bei uns. Ihn wieder loszuwerden dürfte allerdings schier unmöglich sein, denn ähnlich wie bei uns der Waschbär hat der Fuchs als Spezies, einmal etabliert, wenig zu befürchten. Aber was genau macht das kleine Raubtier so erfolgreich?

Füchse sind flexibel! Diese Flexibilität betrifft verschiedene Aspekte des Fuchslebens, darunter auch das breite Nahrungsspektrum. Als Generalisten ernähren sich Füchse von pflanzlicher wie tierischer Nahrung. Spezialisiert sind sie auf die Mäusejagd, aber auch Obst, Insekten, Regenwürmer oder Aas stehen auf ihrem Speiseplan. Sie sind sowohl Jäger als auch Sammler – genau wie wir. Allerdings »sammeln« sie Dinge, bei denen wir angewidert die Nase rümpfen würden, wie etwa Aas von überfahrenen Tieren. Füchse sammeln jedoch nicht nur Nahrung ein, die sie finden, sondern suchen und graben auch aktiv danach. Es stehen zum Beispiel nicht selten Regenwürmer auf dem Speiseplan, die die Füchse mit ihren Zähnen vorsichtig aus der Erde ziehen. Unter Obstbäumen finden die Tiere Fallobst wie Äpfel oder Pflaumen, aber sie gehen auch selbst ernten und zupfen Brombeeren und andere Früchte von Sträuchern. Das Bild eines jungen Fuchses, der mit fast geschlossenen Augen genüsslich eine Beere von einem

Himbeerstrauch zupfte und verspeiste, gehört zu den vielen schönen Szenen in meinem geistigen Album der Fuchserinnerungen. Obwohl es inzwischen wohl eher eine ganze Buchreihe ist, die mentale Regallager füllt und für die vermutlich anderes Wissen seinen hart erkämpften Platz räumen musste: Wie ging noch mal eine Polynomdivision? Vergessen. Dafür weiß ich jetzt, dass Füchse gerne Kirschen fressen. Wenn ich im Sommer gelegentlich mit Fuchsinteressierten durch Berlin ziehe und nach Spuren wie Pfotenabdrücken, Wechseln (ausgetretenen kleinen Trampelpfaden der Tiere) oder Kot suche, ist es immer wieder amüsant, die überraschten Gesichter zu sehen, wenn wir die »dreckigen Kirschkernhaufen« finden, die die Füchse hinterlassen, nachdem sie sich im Schrebergarten nebenan den Bauch mit dem Fallobst vollgeschlagen haben.

Dass Füchse Generalisten sind, heißt im Übrigen nicht, dass sie keine individuellen Vorlieben haben. Der Fuchs als Spezies mag einen umfangreichen Speiseplan haben, der Fuchs Kalle in Berlin-Tempelhof hingegen »jagte« überwiegend nach Hotdogresten, wenn er nachts über den Parkplatz eines bekannten schwedischen Möbelhauses streifte.

Anthropogene Nahrung, also Nahrung, die (freiwillig oder unfreiwillig) vom Menschen bereitgestellt wird, wie Nutztiere, Kulturpflanzen oder Küchenabfälle, spielt in der Fuchsernährung eben eine wichtige Rolle. Besonders in der Stadt finden Füchse an jeder Ecke etwas Essbares: ein offener Mülleimer, in den ein letztes Stück vom Brötchen hineingeworfen wurde, Grillüberbleibsel auf der Wiese im Park um die Ecke, ein von Feiernden auf dem Weg zur S-Bahn achtlos auf die Straße geworfener Dönerrest, der offene Komposthaufen in einem Garten oder eine für die Katze auf die Terrasse gestellte Schale mit Nassfutter – das Angebot an menschengemachter Nahrung ist umfangreich.

Doch auch wenn Stadtfüchse dieses Angebot gerne nutzen, haben sie ihrer Hauptnahrungsquelle nicht den Rücken gekehrt. Füchse sind Mäusejäger. Sie fressen alle Mäuse- und Wühlmäusearten und bedienen sich meist an dem, was am reichlichsten da ist. Je nachdem wo sie leben, fangen sie also vermehrt Feldmäuse und Schermäuse (Agrarlandschaft), Hausmäuse und Ratten (Siedlungsraum) oder Gelbhalsmäuse und Brandmäuse (Wald).

Die Evolution hat den Fuchs im Laufe der Zeit bestens an die Mäusejagd angepasst. Seine schlanke, hochbeinige Gestalt und seine wendigen und grazilen Bewegungen erinnern stark an unsere Katzen, deren Vorfahrin, die Wildkatze, ebenfalls auf Mäusejagd spezialisiert ist. Dass Füchse als einzige Mitglieder der Hundefamilie klettern können und sich so filigran und leichtfüßig bewegen wie unsere Hauskatzen, ist Ergebnis ebendieser Spezialisierung auf Mäusefang. Obwohl Hauskatze und Fuchs zu verschiedenen biologischen Gruppen gehören und durch eine Reihe von nicht kletternden Arten in der Evolutionsgeschichte getrennt sind, zeigen sie Gemeinsamkeiten. Ihre ähnliche Lebensweise, nicht ihre Genetik, hat ihnen die gleichen Anpassungen beschert.

Dieses Phänomen der sogenannten konvergenten Evolution lässt sich gut an Hai und Delfin verdeutlichen, die eine lange evolutionäre Reise trennt. Haie sind eine der ältesten noch vorkommenden Tiergruppen unseres Planeten. Die ersten Haie schwammen laut Skelettfunden bereits vor über 380 Millionen Jahren durch die Meere, als die Fische dem Wasser entstiegen und das Land eroberten. Selbst die modernen Haie gab es wohl schon vor fast 300 Millionen Jahren, das war, bevor die ersten Säugetiere entstanden und lange, lange bevor einige davon wieder heimkehrten in die Meere – und zu Vorfahren des Delfins wurden. Dennoch haben Haie wie Delfine den gleichen stromlinienförmigen Körperbau mit einer Rückenflosse (der Finne) und zwei Brustflossen. Er ist eine Anpassung an das Leben im Wasser und kein vererbtes Merkmal. Deshalb ist er mehrfach und zu verschiedenen Zeiten in der Evolution entstanden.

Ähnlich bei Fuchs und Katze, die Merkmale teilen, ohne nahe verwandt zu sein. Der Fuchs verdankt seine »Leichtbauweise« und sein Geschick also dem Lebensstil als mittelgroßer Mäusejäger. Auch wenn wir Füchse natürlich meist auf dem Boden sehen, können sie problemlos auf Mauern und Gartenzäunen balancieren. Sie bewegen sich leichtfüßig über schmalste Grate und können Leitern erklimmen. Kein Wunder, dass sie in der Stadt manchmal auf den Balustraden, Balkonen oder auf Baugerüsten von Gebäuden auftauchen. Stellen Sie sich vor, Sie sitzen in Ihrem Büro im dritten Stock, und plötzlich steht ein Fuchs auf dem Baugerüst vor dem Fenster – gar nicht so unwahrscheinlich, wie es zunächst klingt.

Der Bibliotheksfuchs der Staatsbibliothek zu Berlin Unter den Linden wurde des Öfteren auf den Fensterbrettern des ersten Stocks gesichtet. Den Rekord hält jedoch Fuchs Romeo, der sich während Bauarbeiten am Londoner Shangri-La Hotel in den 72. Stock verirrte. Dort hielt er sich zwei Wochen auf und ernährte sich von den Essensresten der Bauarbeiter, bis er gefangen und umgesetzt wurde. Ganz so hoch hinaus zieht es Füchse sonst nicht, aber sie bewegen sich selbstverständlich über Dächer von Garagen, Gartenlauben und Containern. Aber Füchse steigen nicht nur Treppen hinauf, sondern auch hinab. So trifft man sie gelegentlich in den Berliner U-Bahn-Stationen, und in London wurden sie laut der britischen Journalistin und Fuchsbuch-Autorin Lucy Jones gar beim Fahrstuhlfahren ertappt.

Sein Geschick bei der Jagd zeigt der Fuchs mit dem Mausssprung. Mithilfe seiner feinen Nase und seines empfindlichen Gehörs ist er in der Lage, Mäuse unter Gras, Laub oder Schnee zu orten. Hat er die Position erfasst, verharrt er zunächst in Spannung und springt dann in hohem Bogen auf sein Ziel. Ähnlich wie bei Katzen sieht man den Fuchs auch gelegentlich mit seiner Beute spielen.

Die erfolgreiche Anwendung des Maussprungs auch bei tiefem Schnee ist sowohl beeindruckend als auch unterhaltsam für den Beobachter. Ich lege Ihnen an dieser Stelle sehr ans Herz, sich das Kunstwerk einmal als Video anzusehen (online zum Beispiel unter dem Suchbegriff »fox snow dive«, also Fuchs-Schneetauchen, zu finden). Einen kleinen statischen Vorgeschmack gibt es im Bildteil.

Der einsame Jäger

Begegnet uns ein Fuchs, sehen wir ihn meist allein umherstreifen. Vielleicht treffen wir ihn an einem Herbsttag, an dem es schon früh dunkel wird und Menschen noch und Füchse schon unterwegs sind. Auf unserem abendlichen Heimweg sehen wir ihn unerwartet aus dem Dunkeln auftauchen, wie er schnellen Schrittes seiner Wege geht. Wir wissen nicht, woher er kommt oder welches Ziel er verfolgt. Ein kurzer Blick, ein Funken Wildnis mitten in der Stadt, und schon ist er wieder fort, einsam in der Nacht verschwunden. Im Kopf entsteht ein romantisches Bild, das des einsamen Jägers.

Wirft man einen Blick in alte Fuchsliteratur, könnte man sich in dieser Schlussfolgerung bestätigt sehen, wenn dort behauptet wird, der Fuchs sei ein Einzelgänger. Eine der frühen Annahmen der Verhaltensbiologie war, dass Tiere sich nur dann zu Gruppen zusammenschließen, wenn sie große Beutetiere jagen. Zusammen könnten sie Tiere erlegen, die für sie allein eine Nummer zu groß wären. Die Erklärung leuchtet durchaus ein. Man hat sofort eine Gruppe Löwinnen vor Augen, die sich geschmeidig durch das trockene Gras der Savanne bewegen, um dann plötzlich loszusprinten und gemeinsam ein Gnu oder gar eine Giraffe zu Boden zu ringen. Oder man denkt an ein Rudel drahtiger Timberwölfe, wie es in Gruppenformation einen Elch durch die eisigen Nadelwälder Kanadas hetzt.

Nun stelle man sich eine Wiese am Waldrand vor. Fünf Füchse bewegen sich lautlos durchs Gras. Einer hebt die Nase in den Wind, ein anderer spitzt die

Ohren. Die Tiere ziehen einen weiten Kreis um die Beute. Dann, auf ein heimliches Zeichen hin, setzen alle fünf zur Jagd an. Sie schleichen vorsichtig näher, spannen ihre Körper an und springen. Und dann?

Dann stoßen fünf Füchse in der Luft mit ihren Köpfen zusammen. Und während das Knäuel aus rotem Pelz mit einem heillosen Durcheinander von Beinen und Lunten kämpft, verschwindet die Maus geschwind im nächsten Erdloch.

Folgt man also der Annahme, dass Tiere Gruppen bilden, um gemeinsam zu jagen, liegt die Schlussfolgerung nahe: Der Wolf ist sozial, der Fuchs ein Einzelgänger.

Das ist auch nicht ganz falsch, denn alle Füchse sind zuweilen allein unterwegs, vor allem zu bestimmten Jahreszeiten, und einige Tiere sind es überwiegend. Richtig ist es aber auch nicht, denn Füchse sind soziale Lebewesen genau wie wir: Sie haben Partnerschaften und Familien, sie kuscheln und spielen miteinander, und sie kommunizieren. Und wie sie kommunizieren! Aber dazu später.

Heute wissen wir es also besser, und das betrifft nicht nur unsere Einschätzung des Fuchses. Wir haben erkannt, dass sich etwas so Komplexes wie das Sozialverhalten von Tieren nicht in zwei Kategorien – solitär oder sozial – einteilen lässt. Eine neue Kategorie namens »eusozial« beschreibt zum Beispiel das Sozialverhalten von Bienen und anderen schwarmbildenden Arten, die so eng verbunden sind, dass sie als Einzelindividuen häufig gar nicht bestehen könnten und ihr Schwarm fast wie ein großer Superorganismus erscheint.

Viele Arten, die wir früher als Einzelgänger betrachtet haben, verbringen Teile ihres Lebens mit Artgenossen. Und wenn sie das nicht tun, zeigen sie doch ein ausgeprägtes Interesse an ihnen und verfügen über Sozialkompetenz. Das heißt, sie legen beschwichtigende, gemeinschaftsfördernde oder deeskalierende Verhaltensweisen an den Tag, die es ihnen ermöglichen, gut miteinander auszukommen. Wir nennen diese Arten heute »sozial flexibel«. Zu ihnen gehört auch der Fuchs.

Die Fuchsfamilie

Füchse gehen häufig Paarbeziehungen ein, in denen sie ähnlich wie der Mensch mehr oder weniger monogam sind. Falls Sie das »oder weniger« in dieser Aussage irritiert, sind Sie vielleicht genau wie ich in dem Glauben aufgewachsen, dass es im Tierreich allerorts monogame Paarbeziehungen gibt, in der sich Tiere in ewiger Treue verbunden sind. Dieses Märchen stammt aus den guten alten Tierdokumentationen, in denen die Welt noch einfacher und irgendwie netter war. Als noch nicht bei jedem Thema – egal, ob es um die Tiefsee, die Pole, Regenwälder oder Wüsten geht – der obligatorische traurige Moment kam, in dem uns der Sprecher mit ernster Stimme darauf hinweist, dass diese Art oder dieser Lebensraum gefährdet sei und es sie vermutlich bald nicht mehr geben werde. Diese Dokumentationen waren so herrlich frei von Selbstreflexion über menschliches Fehlverhalten, und Herr und Frau Vogel liebten sich noch, bis dass der Tod sie schied.

Die schlechte Nachricht an dieser Stelle: Dieses Märchen wurde schon für viele Arten widerlegt (darunter auch einige der besagten Vögel). Nur wird der Seitensprung im Tierreich nicht als Fremdgehen oder Betrug bezeichnet, sondern sachlich und trocken als »extra pair copulation«, als Kopulation außerhalb der Paarbeziehung.

Auch Füchse sind nicht strikt monogam, bieten den Romantikern unter uns aber einen kleinen Hoffnungsschimmer: Manche Fuchspaare bleiben ihr Leben lang zusammen, und die Elterntiere ziehen ihre Jungen gemeinsam auf. Dass sich die Väter intensiv an der Aufzucht der Jungtiere beteiligen, ist bei Säugetieren eher selten, sichert der Fuchsfamilie aber vermutlich das Überleben.

Die Paarungszeit der Füchse, die sogenannte Ranz, liegt im Winter. Wenn es draußen frostig wird, beginnt für »meine« Berliner Füchse und all die anderen Rotpelze da draußen die heiße Zeit. Von Dezember bis Februar kann man des Nachts das sehr charakteristische heiser klingende Ranzbellen der Rüden und verschiedene klagende Laute von Rüde und Fähe hören. Die Kommunikation hilft den beiden, zur richtigen Zeit zusammenzufinden. Das ist gar nicht so einfach, denn die Rüden sind in der Ranz durchgängig befruchtungsfähig, die Fähe dagegen ist nur für zwei bis drei Tage fruchtbar. Das Timing muss also stimmen, wenn im Frühjahr neue Füchse zur Welt kommen sollen.

Wenn man Füchse in flagranti erwischt, dann meist beim letzten Akt der Paarung, dem sogenannten Hängen. Denn wie andere Hundeartige bleiben Füchse nach der Paarung häufig noch verbunden (wenn auch nicht immer). »Hängen« ist dabei tatsächlich ein sehr treffender Begriff: Der Rüde und die Fähe hängen aneinander beziehungsweise ineinander, was etwa eine Viertel- bis Dreiviertelstunde andauert.

Warum sich dieses lange Verbundensein entwickelt hat, ist natürlich Gegenstand wissenschaftlicher Überlegungen. Na klar, als ob ein Biologe an einer solchen Kuriosität vorbeigehen könnte, ohne die eine oder andere Hypothese aufzustellen! Stand der Dinge: Vermutlich dient das Verhalten den Rüden dazu, ihre Vaterschaft zu sichern. Die Logik dahinter ist einfach: Solange ein Rüde den Platz besetzt, kommt kein anderer zum Zuge.

Schon während der Schwangerschaft beteiligt sich der Rüde am Familienleben. Wenn es gegen Ende der Trächtigkeit für die Fähe beschwerlicher wird, den Bau zu verlassen, versorgt er sie mit Nahrung.

Meist zwischen Anfang März und Anfang April werden dann vier bis sechs Welpen geboren. Wenn sie zur Welt kommen, sind sie blind und taub. Ihr Fell ist in den ersten Wochen nicht rotbraun wie das ihrer Eltern, sondern dunkelgrau. Nach knapp zwei Wochen öffnen sie die Augen, und nur etwa eine Woche später kommen schon die ersten Zähne, auch wenn die Mutter die Welpen noch für einige Wochen weiter säugen wird. Feste Nahrung bekommen die Welpen von ihren Eltern zunächst vorverdaut (das heißt, von den Elterntieren gefressenes Fleisch wird wieder hervorgewürgt), sie beginnen aber auch selbst frühzeitig, nach Nahrung zu suchen. Auf dem Speiseplan der Kleinen stehen beispielsweise Heuschrecken, Käfer und andere Insekten. Mäusefangen dagegen will geübt sein und bedarf einigen Trainings, bis es Erfolg versprechend ist. Die unbeholfenen ersten Versuche bis dahin sind für heimliche Zuschauer ein amüsantes Schauspiel.

Im Frühjahr, wenn das Wetter uns Menschen wieder vermehrt nach draußen lockt, können wir die tapsigen Jungtiere mit etwas Glück gelegentlich sehen. Insbesondere im Mai, wenn die Welpen alt genug sind, um neugierig die Welt außerhalb des Baus zu erkunden, lassen sie sich gut beobachten. Dann entfernen sie sich erstmals etwas weiter vom Bau und lernen ihre Umgebung kennen, sind aber noch nicht alt genug, um gelernt zu haben, dass Angst und Vorsicht gute Ratgeber für ein Wildtier sind. In diesem kurzen Zeitfenster besiegt die Neugierde häufig die Scheu, und als geduldiger Naturbeobachter lassen sich wunderschöne Fuchsszenen erleben.

Die Welpen sind jetzt alt genug, um ihre Eltern auf kleine Ausflüge zu begleiten und sich von ihnen wichtige Fähigkeiten wie das Mäusefangen abzugucken. Es wird aber nicht nur gelernt, sondern auch gekuschelt und gespielt.

Auch jetzt mit dabei: die Fuchsväter. Bei einer der Fuchsfamilien, die ich früh in meinem Projekt kennenlernte und seitdem immer wieder besuche, ist der Rüde aufgrund einer silbrig grauen Färbung des Rückens gut von den anderen Füchsen zu unterscheiden. So werde ich Zeugin, wie Papa Fuchs immer wieder mit vier Jungtieren auf den Fersen umherstreift und ausgelassen und mit großer Geduld mit ihnen spielt. Falls Sie schon mal einen Hundewelpen großgezogen haben, erinnern Sie sich zurück, und multiplizieren Sie das dabei notwendige Geduldslevel mit vier – und Sie verstehen ungefähr, wie sich Fuchseltern fühlen müssen.

Die Eltern lassen die Jungtiere auch immer wieder allein am Bau zurück. Manchmal sind sie dann mehrere Stunden fort, um Nahrung zu besorgen. Da die Kleinen aber schon recht mobil sind, sind sie dann häufig irgendwo in der Umgebung des Baus anzutreffen. So kann es dem Städter auf dem Weg durch seinen Kiez durchaus passieren, dass er plötzlich auf einen einzelnen Fuchswelpen stößt. In den meisten Fällen sind diese Welpen nicht hilflos, sondern schlagen lediglich die Zeit tot, bis die Elterntiere zurück sind. Sieht der Welpe also nicht krank oder verletzt aus, sollte man sich ihm nicht nähern. Gucken und süß finden ist aber natürlich erlaubt.

Im Laufe der Monate werden die Kleinen immer selbstständiger, bis es im Herbst für die Jungfüchse Zeit wird, ihr Zuhause zu verlassen und auf die Suche nach einem neuen, eigenen Revier zu gehen. Diese Zeit ist besonders hart und gefährlich für die jungen Füchse: Sie werden aus ihrem bisherigen Heim vertrieben und müssen sich plötzlich allein durchschlagen. Jetzt kommt es in der Stadt vermehrt zu Mensch-Fuchs-Begegnungen und leider auch zu vielen Verkehrsunfällen, da die jungen Füchse auf ihren Wegen viele Straßen überqueren müssen und dabei noch unerfahren sind.

Füchse sind gute Läufer. In einer einzigen Nacht legen sie in ihrem Revier gerne mal fünfzehn Kilometer und mehr zurück. Wenn sie abwandern, laufen sie teils enorme Strecken. Ein Fuchs namens Fleet, dessen Wege die BBC verfolgte, schaffte einmal 315 Kilometer in einem Monat. Ein besenderter Fuchs in Schweden war gar 500 Kilometer am Stück unterwegs, nur unterbrochen von kurzen Ruhepausen.

Bei hoher Fuchsdichte und einem guten Nahrungsangebot im Stammrevier bleiben die jungen Füchse jedoch häufig noch einige Zeit bei ihren Eltern und helfen gegebenenfalls bei der Aufzucht ihrer kleinen Geschwister im folgenden Jahr. In der Stadt und generell überall dort, wo viel Nahrung mehr Füchsen ein Auskommen auf engerem Raum ermöglicht, leben Füchse öfter in Gruppen. Es sind überwiegend die Töchter, die bleiben. Wie britische Forscher herausfanden, entscheidet dabei die Mutter, welche Kinder abwandern müssen und welche bleiben dürfen. Es sind aber auch schon mehrere Rüden in Fuchsgruppen dokumentiert worden, zum Beispiel wenn Brüder sich ein Revier teilen oder die Söhne nicht abwandern. Und sogar Gruppenmitglieder ohne verwandtschaftliche Beziehungen wurden schon entdeckt.

Üblicherweise pflanzen sich nur die Elterntiere beziehungsweise das dominante Paar einer Gruppe fort. Diese Familienstrukturen erinnern dann doch wieder stark an ein Wolfsrudel. Dass sich die anderen Weibchen der Gruppe wegen sogenannter reproduktiver Unterdrückung nur eingeschränkt fortpflanzen, ist ein Phänomen, das viele Mitglieder der Hundefamilie betrifft. Rudelbildende Katzenarten wie Löwen zeigen dieses Verhalten nicht. Wölfe sind beispielsweise bereits mit etwa zehn Monaten geschlechtsreif, dennoch zeigten zweijährige Weibchen bei Untersuchungen keine Zeichen für einen aktiven Zyklus. Meist sind es vermutlich soziale Faktoren, die diese Gruppenmitglieder an der Fortpflanzung hindern. Die Mechanismen sind allerdings noch nicht gänzlich ergründet. Ganz genau nehmen es die Füchse aber auch mit dieser Schublade nicht: »Vaterschaftstests« bei Fuchsgruppen in Großbritannien zeigten, dass nur etwas mehr als die Hälfte der Füchse monogam gewesen war, bei mehr als einem Drittel der Würfe hatten die Welpen verschiedene Väter. Dass Fuchsgeschwister eines Wurfes verschiedene Väter haben können, funktioniert deswegen, weil bei Füchsen (ebenso wie bei unseren Haushunden) die Eizellen der Fähe von mehreren, verschiedenen Rüden befruchtet werden können.

Der einzelne Fuchs, den wir sehen, ist also vielleicht nicht immer der einsame Schatten, der allein durch die nächtliche Stadt streift, auf der Suche nach Nahrung und immer bereit, sein Revier zu verteidigen, wenn er auf einen Artgenossen trifft. Möglicherweise ist er – wie wir – gerade unterwegs, um der Familie oder der Wohngemeinschaft zu Hause das Abendessen zu besorgen.

What Does the Fox Say?

Kennen Sie den ziemlich trashigen Song, nach dem dieses Kapitel benannt wurde? Wenn nicht, grämen Sie sich nicht, aber hören Sie ihn sich ruhig mal an, und schauen Sie auch das dazugehörige Video, das 2013 um die Welt ging. Aber Vorsicht: schlimme Ohrwurmgefahr! Ich vermute ehrlich gesagt, dass der Song vor allem wegen des Titels und des skurrilen Videos seinen Bekanntheitsgrad erreicht haben dürfte. Denn interessant ist die Frage allemal: Was sagt der Fuchs? Haben Sie sich das auch schon mal gefragt? Die Antwort lautet: eine Menge!

Füchse zeigen ein breites Repertoire an Lautäußerungen, dreißig bis vierzig verschiedene Geräusche sollen es sein. Füchse kommunizieren also viel miteinander, mal leise, mal laut. Das reicht von Bellen und Knurren, Winseln oder dem sogenannten Keckern bis hin zu schrillen Schreien und Geheul. Kurz gesagt, Füchse sind echte Labertaschen.

Nun ist ein Buch nicht gerade die beste Form, um Laute von Tieren zu beschreiben. Generell ist es schwierig, Tiergeräusche zu imitieren oder zu erklären. Als Studentin nahm ich an einer Reihe von Pflichtexkursionen teil, kleinen Tagesausflügen, die wir neben dem Vorlesungs-Curriculum absolvieren sollten. Eigentlich toll, mal vom vielen Büffeln am Schreibtisch oder im Vorlesungssaal wegzukommen, aber wir waren junge, überarbeitete Studienanfänger und wussten unser Glück nicht wirklich zu schätzen. Heute würde ich eine ganze Reihe dieser Veranstaltungen sehr viel motivierter und aufmerksamer verfolgen ... Zu dieser Zeit jedoch – und diese Zeit war morgens um 4:30 Uhr – schlichen wir müde und entnervt über einen Friedhof in Osnabrück und sollten Vogelarten am Gesang erkennen lernen.

An die Gesänge erinnere ich mich nicht mehr, und (leider!) bin ich noch immer nicht so gut im Unterscheiden von Vogelstimmen, auch wenn sich meine Fähigkeiten seit damals durchaus verbessert haben. Was mir von der Exkursion aber besonders in Erinnerung blieb, ist der Versuch unserer Kursleiterin, die Vogelrufe mit Worten zu beschreiben: »Da ist der Zilpzalp, der seinen Namen ruft.« Okay, mit einiger Fantasie klingt der Ruf tatsächlich wie »zilp zalp«, da ging ich noch irgendwie mit, aber je melodischer die Vögel riefen, desto schwieriger die »Übersetzung«. Wir versuchten, nicht allzu laut zu lachen, während wir müde über den Friedhof krochen. Ein bisschen leid tat es uns nämlich schon für die engagierte Dame, dass sie es mit so einem ignoranten Haufen zu tun hatte. Heute bewundere ich die Fähigkeit mancher (Hobby-)Ornithologen, eine Wahnsinnspalette von Vogelstimmen auseinanderhalten zu können.

Und jetzt springe ich selbst ins kalte Wasser und wage mich daran, ein paar der typischen Fuchslaute für Sie aufs Papier zu bringen. Vielleicht ist Ihnen bei einem abendlichen Spaziergang, auf dem Heimweg von der Arbeit oder vom Supermarkt auch schon mal ein schrilles, heiseres Bellgeräusch untergekommen. Weibliche Füchse locken mit diesem hohen, kurzen Schrei in der Paarungszeit Rüden an. Das klingt ein wenig so, als wäre jemand einer Katze auf den Schwanz getreten – einer Katze nach einer durchzechten Nacht in einer verrauchten Kneipe.

Geschrien wird von Füchsen aber nicht nur aus Paarungslust, sondern auch als territoriale Warnung an Konkurrenten oder als Reaktion auf einen Feind. Das Ranzbellen der Männchen hingegen ist eine Abfolge eher dumpfer kürzerer Töne. Häufig sind es drei Rufe, dann eine Pause und erneut drei Rufe. Das gedämpfte, aber dennoch recht hohe Geräusch erinnert an eine Eule oder eine Taube und wird daher häufig gar nicht als Fuchsruf erkannt. Alttiere begrüßen sich oft mit trillernden Winsel-Geräuschen, und das tonlose Keckern (»k-k-k-k«), welches sowohl zur Begrüßung und im Streit als auch im Spiel der Jungfüchse zu hören ist, klingt wie ein trockenes Kichern.

Schon die kleinen Füchse haben eine ganze Reihe von Lauten im Repertoire. Wenn sie betteln, klingt das unter anderem, als würde man auf eine Quietscheente treten. Mit viel Elan, immer und immer wieder, bevor sie sich erneut aufpusten kann. Beim Spielen ertönen häufig etwas quäkende Laute, die eher an eine Kröte als an einen Fuchs erinnern. Andere Laute klingen wie ein fieser, hartnäckiger Husten oder eine heisere, etwas höhnische Lache. Auch echte Horrorfilmgeräusche sind dabei, die sich anhören, als würde ein Baby massakriert.

Ehrlicherweise ist eigentlich keines der vielen, vielen Fuchsgeräusche besonders melodisch. Eine Singstimme hat der schöne Räuber nicht unbedingt. Aber Fuchs kann ja auch nicht alles können.

Ein bunter Hund

Der Fuchs ist eines der schönsten unter den Tieren – und ja, ich weiß, dass man den Wert eines Tieres sicherlich nicht anhand seines Äußeren bestimmen sollte. Gerade als Biologin fühle ich mich dem inhärenten Wert allen Lebens irgendwie verpflichtet. Meine dreiste Bevorzugung des Fuchses verursacht da manchmal latente Schuldgefühle. Dennoch, der Fuchs ist mir näher als die Wildbiene, auch wenn ich um die Bedeutung Letzterer weiß und sie beide nicht missen möchte.

Generell fällt es uns Menschen oft leichter, Sympathie für die schönen, beeindruckenden und prächtigen unter den Tieren aufzubringen, als uns mit Nacktmull, Kakerlake und Co. zu identifizieren. Schön, beeindruckend und prächtig – der Fuchs wird all diesen Attributen gerecht. Er ist ein wunderschönes Tier, dessen rostroter Pelz ihm früher häufiger zum Verhängnis wurde, denn sein schönes Fell machte ihn zum begehrten Pelzlieferanten für Mode und Accessoires. Bei uns ist Pelz heute wegen seiner blutigen Produktion nicht mehr gerne gesehen, in anderen Teilen der Welt wird er nach wie vor getragen. Es gibt zwar noch Fuchsfarmen, doch die meisten Pelze stammen heute von anderen Arten in Gefangenschaft, wie beispielsweise dem Marderhund.

Auch wenn der rostrote Look in Verbindung mit schwarzen Ohren und Füßen und einer hellen Schwanzspitze die häufigste Farbkonstellation des Fuchses, ja quasi sein Markenzeichen ist, tritt der Rotfuchs auch in vielen weiteren Varianten auf. Es gibt Füchse mit eher dunkelbraunem oder sehr hellem, ockerfarbenem Fell.

Es gibt sie mit zusätzlichen schwarzen Zeichnungen an unterschiedlichen Stellen oder gänzlich in Schwarz oder Weiß. Auch die »roten« Füchse changieren zwischen verschiedenen Rot-, Grau- und Brauntönen. Für einige der auffälligeren Farbvarianten des Fuchses haben sich sogar eigene Namen etabliert, wie Moorfuchs, Kohlfuchs oder Brandfuchs für die eher dunkel gefärbten Tiere, Birk- oder Gelbfuchs für die heller gefärbten Tiere oder Kreuzfuchs für Füchse mit einem schwarzen Streifen über Schulter und Rücken.

Silberfüchse werden die Tiere genannt, die durch eine genetische Veränderung Melanismus zeigen, also eine außergewöhnlich dunkle Färbung in den Bereichen haben, in denen sonst Rottöne vorherrschen. Die Schwanzspitze bleibt häufig weiß, und auch das übrige Fell ist von weißen Härchen durchsetzt, was den Füchsen ihr silbriges Aussehen verleiht. Nicht alle Tiere mit Melanismus sind also gänzlich schwarz, man unterscheidet verschiedene Formen des Melanismus. Manchmal sind bereits vorhandene dunkle Fellbereiche, wie sie der Fuchs beispielsweise an Ohren und Füßen trägt, lediglich großflächiger ausgeprägt (Nigrismus). Manchmal gibt es neue dunkle Zeichnungselemente an Stellen, die sonst heller gefärbt sind (Abundismus), oder das Tier ist eben gänzlich dunkel (Skotasmus).

Am bekanntesten ist der Melanismus vermutlich bei einer Raubkatze, die wir alle kennen, dem schwarzen Panther. Mit diesem Begriff werden die dunklen Varianten von zwei verschiedenen Raubkatzen beschrieben: dem in Afrika und Asien vorkommenden Leoparden und dem in Mittel- und Südamerika beheimateten

Jaguar. Auch bei Panthern gibt es rabenschwarze Individuen und solche, die aussehen, als hätten sie mit ihrem eigentlich gelb und schwarz geringelten Fell zu lange in einer Abgaswolke gestanden. Doch egal ob schwarzer Panther oder schwarzer Fuchs, die dunklen Tiere sind wunderschön: Black is beautiful.

Zu sehen bekommt man die verschiedenen Varianten des Fuchses allerdings nicht allzu häufig. In den knapp sechs Jahren meines Fuchsforscherdaseins habe ich erst einen besonders hellen, ockerfarbenen Fuchs besendert, ein fast schwarzer Fuchs turnte gerne auf einer meiner Fallen am Wannsee herum, ließ sich jedoch nie einfangen, und einige Füchse mit dunklen Fellzeichnungen an Rücken, Flanken und Schwanz liefen mir vor die eine oder andere Wildkamera. Einmal bekam ich sogar Bilder eines weißen Fuchses in einem Garten zugesandt, nur seine Ohren waren schwarz, ein wahrhaft ungewöhnlicher Anblick.

FOX FUN FACT

Verspielte Zeitgenossen

Nicht nur wir Menschen finden Freude am Spielen, auch Tiere spielen. Sowohl miteinander (Sozialspiel) als auch mit Dingen, die sie finden (Objektspiel). Füchse toben ebenfalls gerne und viel. Sie spielen mit herumliegenden Gegenständen wie Gartengeräten, Schuhen oder Bällen und natürlich auch miteinander. Während man lange dachte, bis ins Erwachsenenalter hinein zu spielen sei (ebenso wie viele andere Verhaltensweisen) eine rein menschliche Eigenschaft, wissen wir heute, dass auch erwachsene Füchse noch herumtollen und Quatsch machen.

Füchse, wohin man schaut

Füchse gibt es vermutlich schon sehr lange. Der älteste Fossilbeleg eines Fuchses aus der Gattung *Vulpes* stammt aus der Zeit vor sieben Millionen Jahren und wurde in der Djurab-Wüste im Tschad gefunden. Vor rund fünf Millionen Jahren, im Pliozän, waren Füchse bereits in Europa anzutreffen, und auch unser Rotfuchs *Vulpes vulpes* hinterließ vor rund zwei bis drei Millionen Jahren seine ersten Spuren. Eine Epoche, die er sich unter anderem mit Säbelzahnkatzen, imposanten Hirschen mit komplexen Geweihen und später dem Mammut teilte. *Homo sapiens* betrat dagegen erst vor etwa 300000 Jahren die Bühne der Welt – rund zwei Millionen Jahre sind es, wenn wir großzügig noch einige Vorläufermodelle des modernen Menschen aus der Gattung *Homo* berücksichtigen.

Wenn Sie also ein Fuchsfreund sind und das nächste Mal hören, wie sich jemand über den Fuchs im Garten beschwert oder sein Gewohnheitsrecht auf einen fuchsfreien Lebensraum einfordert, dann erinnern Sie denjenigen doch mal daran, dass es genau genommen andersherum ist. Dass es der Mensch war, der sich im Vorgarten des Fuchses breitgemacht hat – und zwar nicht ohne ihn dabei zu asphaltieren und allerlei Unrat zu hinterlassen. Zum Glück gehört der Fuchs aber zu den Arten, die mit dem aufdringlichen Mitbewohner Mensch recht gut zurechtkommen, und so teilen sich Mensch und Fuchs nun die Kulturlandschaften und den Siedlungsraum.

Es gibt neben unserem roten Räuber natürlich zahlreiche andere Füchse. Am bekanntesten sind vermutlich die folgenden zwei Exemplare. Der Polarfuchs, der im Winter meist schneeweiß und im Sommer dunkelbraun ist und als einziges Säugetier ohne die Hilfe des Menschen den eisigen Norden bis hoch nach Island erreicht hat. Und der Fennek, der Wüstenfuchs mit seinen großen Segelohren, die ihm dazu dienen, in den heißen Wüsten, die er seine Heimat nennt, genügend Körperwärme an die Umgebung abzugeben.

Insgesamt werden aktuell zwölf lebende Fuchsarten der Gattung *Vulpes* unterschieden. Aktuell deswegen, weil sich diese Einteilungen hin und wieder verändern. Schon Aristoteles sortierte Lebewesen in ein Stufensystem von einfachen zu komplexen Organismen. Heute unterteilt man Arten in ein hierarchisches System, das von der Spezies oder Art über Gattung, Familie, Ordnung und Klasse immer breiter wird. In dieser »biologischen Systematik« werden Lebewesen in Gruppen eingeordnet, für die eine gemeinsame Herkunft vermutet wird.

Unser Fuchs gehört zur Familie der Hundeartigen (*Canidae*), er ist also Teil der evolutionären Familie, zu der auch Wolf, Kojote und unser Haushund gehören. Diese sind Teil der Ordnung Carnivora, der Raubtiere, die wiederum zur Klasse der Säugetiere gehören. Meist verwenden wir jedoch nur Gattung und Artnamen. Der schwedische Naturforscher Carl von Linné entwickelte diese »binäre Nomenklatur«, die Vergabe eines Doppelnamens für jede einzelne Spezies, zusammengesetzt aus Gattungs- und Artname (wie *Vulpes vulpes* für den Rotfuchs oder *Canis Lupus* für den Wolf). Linné gilt als der Vater der biologischen Systematik, wie wir sie heute kennen und nutzen.

Doch wozu braucht es diese Klassifizierung von Leben eigentlich? Wir Menschen scheinen die Dinge wohl grundsätzlich gerne in Schubladen zu sortieren – und da draußen gibt es eine Menge zu sortieren. Bislang haben wir beispielsweise an die 1,8 Millionen Tiere, Pflanzen und Pilze fein säuberlich in ihre Schubladen gepackt, und geschätzte weitere sieben bis zehn Millionen Arten warten noch darauf, von uns entdeckt, benannt und einsortiert zu werden. Außerdem hat die Systematik dazu beigetragen, viele grundlegende Erkenntnisse über die biologische Welt und die Mechanismen der Evolution zu entschlüsseln.

Bei einem so großen Tableau wie dem allen Lebens ergeben sich natürlich unzählige verschiedene Ansätze, wie man das Ganze sortieren könnte. Vielleicht nach Farbe, nach Größe, nach Anzahl der Zähne, der Blütenform, dem Lebensraum oder der Lebensweise? Linné und die ihm nachfolgenden Kollegen richteten sich vor allem nach äußeren Merkmalen und später auch der Lebensweise der Arten. Irgendwie scheint es doch naheliegend, eine Kegelrobbe, einen Seehund und einen Seeleoparden in eine andere Familie zu gruppieren als einen Tiger, einen Löwen und einen Geparden.

Was bei diesen Arten noch recht simpel erscheint, wird bei weniger markanten, weniger erforschten oder schlicht zahlreicheren Spezies jedoch sehr viel schwerer. Ein Beispiel: In Deutschland gibt es um die 30000 Insektenarten, darunter allein rund 7000 verschiedene Käfer. Wo fängt man da an zu sortieren, zumal sich die einzelnen Arten manchmal nur anhand winziger Details unterscheiden lassen?

Eine solche Systematik ist also bis zu einem gewissen Grad immer willkürlich. Man muss sich eben einfach auf ein Sortierschema einigen. Durch die modernen genetischen Methoden ist jedoch eine fantastische Möglichkeit hinzugekommen, die Abstammungsgeschichte von Arten jenseits ihrer Optik zu betrachten. Mithilfe sogenannter molekularer Uhren, die die Anzahl von Mutationen im Genom verwandter Arten untersuchen, können wir auf den Zeitpunkt zurückschließen, zu dem sich die Arten in ihrem evolutionären Stammbaum voneinander abzweigten. Durch diese neuen Erkenntnisse mussten im Laufe der Zeit einige Schubladen umsortiert werden, und so können sich mit jeder weiteren Entdeckung unsere Kriterien zur Einteilung des Lebens verändern.

Den einen oder anderen höre ich an der Stelle schon über die Wissenschaft nörgeln: Da werden offenbar willkürliche Annahmen getroffen, und überhaupt müssen sich die Forscher ständig korrigieren, egal ob beim Einschätzen einer Corona-Pandemie oder beim Einsortieren von Arten in Schubladen!

Tatsächlich konnten viele vor langer Zeit formulierte Annahmen und Ideen mithilfe der Genetik aber auch bestätigt werden. Unter anderem Charles Darwins Theorie, die heute lebenden Arten hätten sich aus gemeinsamen Vorfahren entwickelt. Nur durch Beobachtung und Interpretation hat also ein Forscher eine biologische Verwandtschaft erkannt und so das Prinzip der Evolution entdeckt und verstanden, lange bevor wir wussten, was Gene überhaupt sind oder wie Erbinformationen übertragen werden. Jahrzehnte später bestätigten dann Methoden, die zu Darwins Zeiten nicht mal erdacht werden konnten, seine Annahmen. Wie cool ist das denn? Das ist genau das, was mir an der Wissenschaft so gefällt: der Antrieb, durch Versuch und Irrtum zu lernen und sich immer wieder selbst infrage zu stellen, um daran zu wachsen.

Noch eine letzte Kleinigkeit zum Thema Systematik, bevor wir uns wieder unserem Fuchs zuwenden: *Homo sapiens* ist der Name, den wir uns selbst in der binären Nomenklatur gegeben haben. Er bedeutet ganz im Sinne der menschlichen Bescheidenheit »der wissende Mensch«, und ebenso wie Gorilla, Schimpanse und Co. gehören wir zu den Primaten, den »Herrentieren«. Offensichtlich lehrt uns die Systematik nicht nur etwas über andere Arten, sondern auch über uns selbst ...

Zum Fuchs gesellen sich in der Gattung *Vulpes* also noch einige weitere Arten. Neben den schon genannten Polarfuchs und Fennek zum Beispiel der Bengalfuchs. Dabei handelt es sich um einen schlaksigen braunen Fuchs mit schwarzer Schwanzspitze, der in Pakistan, Indien und Nepal zu finden ist. Der cremefarbene, großohrige Rüppellfuchs ist fast über den gesamten Norden des afrikanischen Kontinents verbreitet, während es den grau-braunen Swiftfuchs und den Kitfuchs nur noch in sehr begrenzten Gebieten Nordamerikas gibt.

Auch wenn sich das Aussehen aller Fuchsarten unterscheidet, haben die Verwandten des Rotfuchses eines gemeinsam: Sie sind allesamt leichter und zierlicher als er. Obwohl unser Rotfuchs mit seinen etwa fünf bis sechs Kilogramm ein echtes Leichtgewicht ist, ist er unter den Füchsen der schwerste. Dem Polarfuchs bereitet das zunehmende Vordringen unseres Roten nach Norden daher einige Probleme, er ist seinem größeren und schwereren Verwandten körperlich unterlegen.

Darüber hinaus gibt es noch den Graufuchs und den Insel-Graufuchs (die kleinere Variante des ersten), die zwar nicht zu den »echten Füchsen« (Vulpini) gehören, da sie anderen Abstammungslinien folgen, aber dennoch Füchse sind. Diese grauen Tiere mit ockerfarbener Brust, Beinen und Ohren sind neben Kitfuchs und Rotfuchs auf dem nordamerikanischen Kontinent verbreitet.

Der ungewöhnlichste und vielleicht witzigste Vertreter der Füchse dürfte vermutlich den wenigsten bekannt sein: der Tibetfuchs. Er lebt, wie sein Name verrät, im tibetischen Hochland, aber auch in Teilen Chinas, Indiens und Nepals in Höhen von 2500 bis 5200 Metern. Während der Rotfuchs über eine gewisse Eleganz und Grazie verfügt, hat der Tibetfuchs eher gewöhnungsbedürftige Körperproportionen: Sein Kopf sieht aus wie ein Würfel mit Ohren. Ein echter Quadratschädel.

FOX FUN FACT

Kleine Schnorrer

Im Herbst ist für die im Frühjahr geborenen Welpen die Zeit gekommen abzuwandern. Wenn junge Füchse an der Schwelle zum Erwachsenwerden ihr Geburtsrevier verlassen, werden sie mit vielen neuen Eindrücken und Herausforderungen konfrontiert. In der Stadt führt das regelmäßig dazu, dass Bürger von skurrilen Fuchsbegegnungen berichten. Die jungen Füchse probieren auf der Suche nach Nahrung ihr Glück bei den Zweibeinern und betteln. Manchmal heften sie sich regelrecht an die Fersen der Stadtbewohner, in der (nicht ganz unbegründeten) Hoffnung, etwas zu fressen abzustauben. Man sollte die Füchse jedoch nicht füttern, sie müssen lernen, sich selbst zu versorgen. Mit dem Ausklingen des Herbstes ist der Spuk so plötzlich vorbei, wie er begonnen hat.

Faszination und Furcht – Fuchs und Mensch

Unsere Beziehung zum Fuchs hat verschiedene Facetten, von der Jagd über die Literatur bis hin zur modernen Kommerzialisierung. Meine Generation hat dabei einen Perspektivwechsel mitgemacht: Der Fuchs wurde vom Krankheitsüberträger zum niedlichen Modemotiv. Als Kind habe ich noch die Schilder im Wald gesehen, auf denen in warnenden roten Buchstaben stand: »Tollwutgefährdeter Bezirk«. Wir sollten uns in Acht nehmen vor dem allzu zutraulichen tollwütigen Fuchs mit Schaum vor dem Mund. Heute zieren Füchse meine Wände und gucken mich von meinen Sofakissen an.

Auf der Jagd nach dem Fuchs

Menschen jagen Füchse. Wie lange schon, wissen wir nicht genau, aber Knochenfunde bei historischen menschlichen Siedlungen legen die Annahme nahe, dass bereits unsere Vorfahren vor über 150000 Jahren

Füchse jagten. Die Gründe dafür waren und sind dabei vielschichtig. Vermutlich hat der warme, dichte Pelz den einen oder anderen unserer Ahnen warm gehalten. Und als die Menschen begannen, Haus- und Nutztiere zu halten, wurden Füchse zu potenziellen Vieh- und Geflügeldieben und damit zu Konkurrenten um wichtige Nahrungsmittel. Auch die Bekämpfung von Krankheiten, insbesondere der heute bei uns ausgerotteten Tollwut, wurde in Deutschland lange als Grund angeführt. In Großbritannien dagegen hat sich die Fuchsjagd vor allem als »Jagdsport« entwickelt und ist wohl in keinem anderen Land der Welt so ein fester Teil der Jagdkultur.

Heute wird der Fuchs in Europa und in Deutschland vor allem unter den Stichworten des Krankheitsmanagements und des Artenschutzes bejagt. Für Letzteren wird zum Beispiel der Schutz von wiesen- und bodenbrütenden Vogelarten angeführt. Ein hochkontroverses Thema. Die Bestände vieler potenzieller Beutespezies des Fuchses haben, ebenso wie die Bestände vieler weiterer Arten, in den letzten Jahrzehnten bedenklich abgenommen. Fast die Hälfte unserer Brutvogelarten ist vom Aussterben bedroht oder gefährdet.

Die Hauptursache für diesen Rückgang ist aber nicht der Fuchs, sondern vielmehr der Verlust von Lebensraum durch Bebauung und landwirtschaftliche Nutzung.

Natürliche Lebensräume gibt es nur noch wenige. Wo einst Wälder und Wiesen mit wilden Hecken und Sträuchern waren, erstreckt sich heute häufig Ackerland. Vor allem die Art und Weise, in der wir Menschen wirtschaften, hat sich dabei massiv gewandelt. Kleinere, bunt gemischte Felder, mit größeren Wiesensäumen und

Brachflächen durchsetzt, boten vielen Arten Lebensraum. Die hoch industrialisierte, intensivierte Landwirtschaft und der damit einhergehende Eingriff in die Landschaft hingegen stellen viele Wildtiere vor immense Herausforderungen. Die landwirtschaftlichen Flächen sind arm an Arten und bieten weniger Lebensraum für die meisten Pflanzen und Tiere. Pflanzenschutzmittel vernichten den unerwünschten Wildwuchs auf den Feldern und damit die Lebensgrundlage vieler Insekten. Insektizide tun ein Übriges. Das große Insektensterben ist für sich genommen bereits ein kleines Drama und doch nur ein Dominostein in einer Kaskade von Ökosystemeffekten, bilden Insekten doch wiederum die Lebensgrundlage für viele weitere Arten, zum Beispiel für Insektenfresser wie den Igel und viele Vogelarten. Intensive Düngung trägt große Mengen von Stickstoff in unsere Böden ein und verändert damit die Bodenbedingungen zum Nachteil vieler heimischer Arten. Neben Nahrung fehlen jedoch vor allem Nist- und Versteckmöglichkeiten in unserer »aufgeräumten« und genormten Kulturlandschaft. Bodenbrüter, Feldhasen und Kitze werden von Landmaschinen getötet, und Arten, die sensibel auf ihre ursprünglichen Ökosysteme abgestimmt waren, können in diesen vom Menschen dominierten Lebensräumen gar nicht mehr bestehen.

Um es kurzzufassen: Unser Umgang mit der Natur und die Ausbeutung ihrer Ressourcen haben viele Arten an den Rand des Aussterbens (und manche leider bereits darüber hinaus) geführt. Dies gilt für charismatische Exoten genauso wie für unspektakulär scheinende Insekten in unseren Breiten.

Auch wenn er in deutlich geringerem Ausmaß direkt betroffen ist, bekommt auch der Fuchs die Folgen zu spüren. Wo es wenig Versteckmöglichkeiten gibt, sind potenzielle Beutetiere dem Fuchs stärker ausgesetzt. So wird in Gebieten, in denen gefährdete oder im Rückgang befindliche Arten noch vorkommen, versucht, die Bestände durch sogenanntes Prädatoren-Management zu schützen. Das heißt, Raubtiere wie der Fuchs, die die bedrohten Arten fressen, werden gezielt getötet. Dieses Vorgehen ist teils sehr umstritten: Für die einen ist die gezielte Reduktion von Fuchsbeständen ein wichtiges Mittel, um bedrohte Arten zu schützen. Für die anderen ist es ethisch fragwürdig, die Fuchsjagd mit Artenschutz zu begründen. Sie lehnen es ab, den Fuchs in die Haftung zu nehmen und ihm den schwarzen Peter zuzuschieben, anstatt die eigentlichen Ursachen des Artenrückgangs zu bekämpfen und eine umweltverträglichere und nachhaltigere Form des Umgangs mit natürlichen Ressourcen und eine umweltverträglichere Landwirtschaft zum Standard zu machen. Außerdem stellen sie den Nutzen der Maßnahmen infrage, und die Wissenschaft gibt ihnen in dieser Hinsicht überwiegend recht.

Fakt ist, die Zahl der in Deutschland geschossenen Füchse geht seit Jahren zurück. Während 1998 beispielsweise noch circa 650 000 Füchse geschossen wurden, waren es 2017 noch 450 000. Im Rahmen meiner Arbeit hatte ich die Gelegenheit, auch mit einigen Förstern und Jägern zu sprechen, und habe dabei festgestellt, dass sich die Einstellung gegenüber der Fuchsjagd zumindest bei einigen zu wandeln scheint und sie den Fuchs in ihren Revieren nicht mehr bejagen.

Trotz dieser Entwicklung werden jedoch nach wie vor Hunderttausende Füchse jährlich getötet. So ist es nicht weiter verwunderlich, dass das Thema Fuchsjagd in Deutschland weiterhin kontrovers diskutiert wird. Einige Initiativen fordern eine stärkere Begrenzung oder gar Abschaffung der Fuchsjagd. Der Staat Luxemburg hat diesbezüglich als erster in Europa einen drastischen Schritt gewagt und den Fuchs 2015 aus der Liste der jagdbaren Arten gestrichen – die Fuchsjagd also im Prinzip abgeschafft. Nach den ersten Jahren sieht die Bilanz wie folgt aus: Kleintierzüchter beklagen gestiegene Verluste durch den Fuchs, aber Natur- und Forstverwaltungen haben offenbar keinerlei Probleme festgestellt. Es gab weder einen Anstieg von Zoonosen (Ansteckungen von Menschen mit durch den Fuchs übertragbaren Krankheiten) noch eine Explosion der Populationsgrößen. Der Anteil der Füchse, die mit dem Fuchsbandwurm befallen sind, ist sogar gesunken. Das Verbot wurde entsprechend erneut verlängert.

Füchse haben definitiv einen Einfluss auf das Ökosystem. In fragilen Populationen mögen sie vielleicht manchmal das Zünglein an der Waage sein, sodass ihre Präsenz anderen Arten schadet. Wirft man einen Blick auf die Forschung zum Thema, wird jedoch schnell klar, dass der Nutzen der Jagd häufig zweifelhaft ist, möglicherweise oft sogar kontraproduktiv. Zwei Punkte sind dabei anscheinend zentral: Erstens muss man massiv in die Populationen eingreifen und einen Großteil der Füchse in einem Gebiet (zum Teil über achtzig Prozent) töten, um die Populationsgröße tatsächlich merklich und nachhaltig zu reduzieren – wenn es überhaupt dazu kommt; in vielen Studien wurde gar keine Reduktion beobachtet. Dieses Vorgehen ist im Übrigen, unabhängig von der Effektivität, in der Realität kaum umsetzbar. Insbesondere da selten Berufsjäger eingesetzt werden und ein so zeitintensiver Einsatz von unbezahlten Jägern schlicht zu viel verlangt wäre. In Populationen mit hohem (aber eben nicht »ausreichendem«) Jagddruck gibt es entsprechend nicht nennenswert weniger Tiere, sondern nur deutlich jüngere Tiere und mehr Fluktuation. Dies führt – auf den ersten Blick vielleicht absurderweise – dazu, dass die jagdliche »Hege« sogar eine Verschlechterung des Ökosystems zur Folge haben kann. Ohne Jagd vermehren sich Fuchspopulationen nicht grenzenlos, viele Studien haben gezeigt, dass sich ihre Anzahl in einem Gebiet auf hohem Niveau selbst reguliert, wenn nicht gejagt wird. Dabei spielen nicht nur die im Lebensraum verfügbaren Ressourcen, sondern auch soziale Faktoren eine Rolle. Die Füchse fangen an, vermehrt in Gruppen zu leben und ihre Wurfgrößen zu verkleinern, und häufig pflanzen sich nur bestimmte Tiere innerhalb der Gruppe fort.

Zweitens ist der Einfluss des Fuchses auf die bedrohten Arten häufig gering. Füchse sind Opportunisten und fressen, was ihnen vor die Schnauze kommt – was meistens die Arten sind, die in einem Gebiet in großer Zahl vorkommen. In einigen Studien konnte gezeigt werden, dass Füchse meist keine bedeutende Rolle für das Vorkommen der seltenen, bedrohten Arten spielen. In diesen Untersuchungen hatte die Jagd entweder keinen Einfluss auf diese Arten, oder aber die gemessenen Effekte waren gering und die Maßnahmen einer massiven jagdlichen Kontrolle damit unverhältnismäßig. Dies galt insbesondere im Vergleich zu einfacheren, günstigeren und ethisch weniger bedenklichen Eingriffen wie (selbst kleinen) Verbesserungen im Lebensraum. Solche Maßnahmen, wie beispielsweise das Anlegen von Blühstreifen entlang von Feldern, wirkten sich deutlich positiver auf die Bestände der Arten aus als die Jagd. Außerdem kann der hohe Jagddruck auch die »Nichtzielarten« negativ beeinträchtigen.

Es gibt zahlreiche Studien zum Thema Fuchsjagd aus unterschiedlichen Ländern, und die meisten Forschungsergebnisse zu dem Thema decken sich hinsichtlich zweier Punkte: Fuchsjagd hat nur dort einen positiven Einfluss auf Brutbestände, wo diese schlechten Lebensbedingungen ausgesetzt sind, und nur dann, wenn große Teile der Fuchspopulation getötet werden. Wo Lebensräume hingegen eine gute Grundlage für Arten bilden, hat die Bejagung des Fuchses kaum einen bis gar keinen Effekt. Lebensraumverbesserungen stellen daher die effektivere Schutzmaßnahme dar. Solche ökologischen Zusammenhänge sind aufgrund ihrer hohen Komplexität und der vielen lokal oft unterschiedlichen Faktoren, die es zu berücksichtigen gilt, schwierig zu untersuchen, und es ist kaum möglich, den Vor- oder Nachteil der Fuchsjagd allgemeingültig zu be- oder widerlegen.

Aber vielleicht ist die Frage ohnehin falsch herum gestellt. Müssten wir nicht vielmehr die Durchführung als die Abschaffung der Fuchsjagd faktisch legitimieren? Letztlich sollten wir das Töten von Hunderttausenden von Wildtieren schließlich gut begründen und darüber hinaus mit alternativen Maßnahmen und deren Wirkungen abwägen. Und auch wenn wir Menschen des Öfteren dazu neigen, einfache Lösungen auf komplexe Herausforderungen zu suchen, sollten wir beim Schutz unserer wertvollen Fauna wohl besser auf eine nachhaltige Nutzung natürlicher Ressourcen setzen. Letztlich profitieren Mensch und Umwelt gleichermaßen von dieser Umstellung.

Immer auf unserer Fährte

Obwohl wir Menschen den Fuchs seit Generationen bejagen, folgt er uns quasi auf dem Fuße. Er gehört genau wie die Hausmaus, der Steinmarder und die Stockente zu den Kulturfolgern. Kulturfolger haben ihre natürlichen Lebensräume teilweise hinter sich gelassen und gelernt, im menschlichen Siedlungsraum zu leben. Dabei gibt es verschiedene Intensitäten dieser Verbindung.

Siedlungstolerante Arten sind beispielsweise in der Lage, »anthropogene Ressourcen« zumindest teilweise zu nutzen, das können beispielsweise vom Menschen zur Verfügung gestellte Nahrungsquellen wie Abfälle oder Fallobst sein. Gleichzeitig sind siedlungstolerante Arten jedoch auf eher natürliche Bereiche des Siedlungsraums begrenzt und leben nur dort, wo es viele Grünflächen und nur lose Bebauung gibt. Diese Wildtiere kommen also irgendwie mit unserer Präsenz zurecht und bedienen sich an der ein oder anderen menschengemachten Nahrungsquelle, letztlich vermeiden sie es jedoch, sich dort aufzuhalten, wo sie uns dummerweise über den Weg laufen könnten, und suchen nach Flecken in der Stadt, die möglichst wenig nach Stadt aussehen.

Unser Rotfuchs gehört zur Gruppe der siedlungsnutzenden Arten. Diese sind häufig sehr flexibel, nutzen menschliche Nahrungsquellen regelmäßig und nisten oder brüten auch in sehr städtischen Bereichen. Vertreter dieser Gruppe wie Waschbär und Fuchs kommen im Siedlungsraum häufig in höheren Dichten vor als in ihren ursprünglichen Lebensräumen. Die Wahrscheinlichkeit, im Bayerischen Wald über einen Fuchs zu stolpern, ist beispielsweise deutlich niedriger als in München-Schwabing. Besonders die grüneren Stadtteile mit Einfamilienhäusern mit Gärten und die Speckgürtel der Städte sind beliebte Lebensräume für den Fuchs, aber auch mitten auf dem Berliner Alexanderplatz findet man ihn.

Noch stärker mit dem Menschen verbunden sind die siedlungsabhängigen Wildtiere, die überwiegend in der Nähe des Menschen vorkommen und auf diesen teilweise angewiesen sind. Dazu zählen Arten wie der Haussperling (Spatz) oder die Hausmaus, die außerhalb von Siedlungen nur selten anzutreffen sind.

Auch wenn der Fuchs nicht zu dieser mit dem Menschen am engsten verbundenen Gruppe gehört, ist er dennoch landesweit in unseren Städten etabliert. Diese Nachbarschaft mit dem Fuchs ist inzwischen vielerorts Teil des alltäglichen Stadtgeschehens. Viele der menschlichen Stadtbewohner freuen sich über die neue Nähe zu unseren wilden Nachbarn, andere wiederum betrachten den Fuchs im Siedlungsraum als Schädling oder fühlen sich von seiner Anwesenheit bedroht. Die verschiedenen ambivalenten Perspektiven auf den Fuchs rühren vielleicht aus unserer gemeinsamen Geschichte her. Viele von uns sind mit Erzählungen über Füchse aufgewachsen, und die darin verwendeten Figuren spiegelten häufig die ambivalente Haltung der Menschen zum Fuchs wider.

Der literarische Fuchs

Was verbinden Sie mit dem Fuchs? Grips, aber auch eine gewisse Portion Hinterlist? So habe ich als Kind den Fuchs jedenfalls in Märchen und Geschichten kennengelernt.

Fuchsgeschichten gibt und gab es zu allen Zeiten und in verschiedensten Kulturen: In der japanischen Mythologie können *Kitsune*, eigentlich gewöhnliche Füchse, mit zunehmendem Lebensalter Weisheit, Macht und magische Fähigkeiten entwickeln. Diese Fähigkeiten ermöglichen es ihnen, sich in beliebige Objekte oder andere Lebewesen zu verwandeln. Im altchinesischen Glauben sind Füchse magische Geisterwesen oder Dämonen, auch sie können sich verwandeln. Und in der Mythologie beider Kulturkreise ebenso wie in Überlieferungen vom südamerikanischen Kontinent werden Füchse mit Fruchtbarkeit assoziiert. In vielen japanischen und chinesischen Erzählungen können die weiblichen Füchse die Gestalt von Frauen annehmen und Männern so den Kopf verdrehen. In Geschichten nordamerikanischer Ureinwohner ist der Fuchs wohlwollender und gütiger Teil der Schöpfungsgeschichte und kann durch seine Vorstellungskraft aus Holz Lebewesen erschaffen.

Am vertrautesten sind uns jedoch vermutlich die Fuchsgeschichten aus dem europäischen Mittelalter. Mithilfe von Fabeln, in denen Tiere die Rolle von Menschen übernehmen und ihnen verschiedene menschliche Eigenschaften zugewiesen werden, konnten die Autoren gesellschaftskritische Geschichten erzählen, ohne sich allzu sehr die Finger zu verbrennen. Von Äsops »Der Fuchs und der Rabe« über Lessings hungrigen Fuchs bis hin zu Goethes Reineke-Epos, von der Antike bis in die Gegenwart hinein ist der Fuchs eng mit der europäischen Literatur verwoben.

Schon im 12. Jahrhundert erschien mit »Le Roman de Renart« eine französische Kurzgeschichtensammlung, in der der Fuchs Renart durch List und Klugheit über Wolf und Löwe triumphiert. Die gesellschaftliche Bedeutung dieser Geschichten lässt sich allein daran erkennen, dass sein Name (das Äquivalent zu unserem Meister Reineke) im heutigen französischen Sprachgebrauch schlicht »Fuchs« bedeutet.

Nicht nur im Französischen hat der Fuchs seine Spuren hinterlassen. Worte wie »ausgefuchst« (gewitzt) im Deutschen oder »outfoxed« (überlistet) im Englischen zeigen seinen Siegeszug durch die Sprachkulturen der Länder. Lucy Jones beschreibt einige fuchsbezogene Begriffe, darunter »to box the fox« (einen Garten plündern) und der malerische Ausdruck »fox brewings« (in etwa: Fuchsgebräu) für Nebel, der aus Wäldern und über Hänge kriecht. Und im Finnischen gibt es die Redewendung »einen Fuchs unterm Arm halten«, die bedeutet, dass jemand verborgene Interessen verfolgt.

In Europa besonders bekannt ist wohl das Reineke-Epos. Es erschien über die Jahrhunderte hinweg immer wieder in verschiedenen Versionen. Erzählt wurden diese Geschichten von vielen Autoren, darunter Goethe, und auch einige Illustrationen brachten es zu großer Bekanntheit. Immer geht es dabei um Reineke Fuchs. Reineke, der auch Reinardus, Reinhart, Reynaert oder ursprünglich Renart genannt wird, erreicht seine Ziele meist mit List und Tücke. Er behauptet sich gegen eigentlich überlegene Widersacher, denn er weiß seinen Intellekt für sich einzusetzen und die Schwächen der anderen auszunutzen. Manchmal wird ihm seine Intelligenz zum Verhängnis, wenn er sich durch Übermut und Überheblichkeit überschätzt, doch kommt er meist glimpflich davon.

In all diesen Mythen, Sagen und Legenden verschiedener Kulturen spiegelt sich die Ambivalenz der Mensch-Fuchs-Beziehung wider. Mal ist der Fuchs der Held der Geschichte, mal der Bösewicht. Er ist entweder verschlagener Lügner und trickreicher Gauner oder kluger Anführer, weise und gerecht. Was ihm aber immer zugeschrieben wird, ist eine überdurchschnittliche Intelligenz – ob er sie nun zum Guten oder zum Schlechten einsetzt.

Letztlich sind die Füchse in unseren Geschichten schlau und anpassungsfähig, was auch eine zutreffende Beschreibung des realen Fuchses ist. Die gleichzeitige Zuschreibung eher menschlicher und negativ konnotierter Attribute wie Listigkeit und Verschlagenheit verdankt der Fuchs vermutlich seinem Ruf als Hühnerdieb und der daraus entstandenen Antipathie.

Eines zeigen diese Geschichten jedenfalls ganz deutlich: Die Menschen waren seit jeher fasziniert vom Fuchs und trotz aller Vorbehalte auch voller Anerkennung für ihn. Obwohl es ein Leichtes gewesen wäre, den Fuchs als Konkurrenten und Krankheitsüberträger zu verteufeln, konnten wir uns einer gewissen Bewunderung für den kleinen Räuber anscheinend einfach nicht erwehren.

Keine Angst vorm Fuchs

Heute können wir uns das kaum noch vorstellen, aber einst war der Fuchs auch als Nahrungskonkurrent gefürchtet. Nach einer Zeit, die von Pest und Hungersnöten geprägt war, gab der englische König Heinrich VIII. Füchse und andere vermeintliche Konkurrenten für jedermann zum Abschuss frei, und es wurden teils hohe Prämien auf tote Exemplare gezahlt. Der sogenannte Vermin Act brandmarkte die Tiere als Ungeziefer und brachte einige Arten an den Rand des Aussterbens. Auch in Deutschland gab und gibt es immer wieder Prämien für den Abschuss von Füchsen, und seinen Räubereien wird in unseren Kinderliedern Rechnung getragen: »Fuchs, du hast die Gans gestohlen«. Und sogar an den Sternenhimmel hat es dieser Ruf geschafft: Das heute unter dem Namen Fuchs oder

Vulpecula bekannte Sternbild wurde von seinem Entdecker Johannes Hevelius im 17. Jahrhundert »Vulpecula cum ansere« – Füchslein mit Gans – getauft.

Obwohl der Großteil der Deutschen schon länger kein Geflügel oder andere potenzielle Beutetiere des Fuchses mehr hält, sitzt die Angst vor dem Fuchs immer noch tief in den Köpfen vieler Menschen.

Der Grund dafür ist vermutlich die Tollwut, diese hochgefährliche, häufig tödlich verlaufende Krankheit, die die Erkrankten noch dazu zu groteskem Verhalten zwingen kann. Nach einer Übertragung kann sie nur gestoppt werden, wenn sie sofort behandelt wird, allerdings ist das Zeitfenster dafür eng. Gelangt das Virus erst ins Gehirn, lässt sich nichts mehr tun. Betroffene bauen schnell ab und entwickeln auffälliges Verhalten wie beispielsweise eine irrationale heftige Angst vor Wasser.

Tollwut ist schlimm, ganz ohne Zweifel, deshalb ist es umso erfreulicher, dass es an dieser Front gute Nachrichten gibt: Erstens haben wir schon lange einen zuverlässigen Impfstoff gegen die Krankheit, und zweitens ist Tollwut – dank dieses Impfstoffes – in unseren Breiten ausgerottet!

Deutschland gilt nach den Kriterien der Weltorganisation für Tiergesundheit seit 2008 offiziell als tollwutfrei. Berlin, die Stadt, durch die meine Füchse streifen (und ich auf ihren Fersen), ist sogar schon seit Mitte der Neunzigerjahre tollwutfrei.

Zunächst wurde lange versucht, die Tollwut durch Bejagung in den Griff zu bekommen. Studien haben jedoch gezeigt, dass die Jagd nicht das beste Mittel zur

Eindämmung der Krankheit ist. Im Gegenteil weisen einige Erkenntnisse sogar darauf hin, dass das Krankheitsgeschehen durch die Jagd noch befeuert wird. Denn – wir erinnern uns – werden viele Tiere einer Population geschossen, vermehren sich die verbliebenen Füchse möglicherweise stärker, und auch ohne Extra-»Nachschub« wandern mehr Tiere aus gemeinsam genutzten Arealen in frei gewordene Gebiete ab. Durch mehr Bewegung und Fluktuation in der Fuchspopulation beschleunigt sich aber die Übertragung des Erregers. Dieses Muster wurde übrigens nicht nur für den Fuchs gezeigt, sondern konnte auch für andere Arten belegt werden: So reduzierte die gezielte Bekämpfung von Ratten in einer Studie in Vancouver beispielsweise nicht die Populationsgröße der Ratten, aber dafür erhöhte sie deutlich die Durchseuchung der Population mit verschiedenen Krankheitserregern.

Dass Deutschland heute als tollwutfrei gilt, verdanken wir letzten Endes großen Impfkampagnen. Durch flächendeckendes Ausbringen von Impfködern per Flugzeug konnte die Krankheit effektiv eingedämmt und schließlich ausgerottet werden. Letztlich bekamen unsere Füchse in Feld, Wald und Flur also Schluckimpfungen aus der Luft.

Wenn gelegentlich mal ein Tollwutfall in Deutschland bekannt wird, handelt es sich üblicherweise um einzelne erkrankte Haushunde. Diese sind häufig aus dem osteuropäischen Raum eingeführt worden, wo die Krankheit noch nicht flächendeckend ausgerottet ist. Tollwut ist meldepflichtig, und im Laufe eines Jahres werden allein in Berlin Hunderte im Stadtgebiet ums

Leben gekommene Tiere, die meist dem Straßenverkehr zum Opfer gefallen sind, untersucht. So wird die Tollwutfreiheit überprüft und bestätigt.

Auch wenn die Tollwut für unsere Füchse kein Thema mehr ist, ist der Fuchs durchaus von Krankheit gebeutelt. Besonders die Staupe, eine häufig tödlich verlaufende Viruserkrankung, und die Räude machen dem Fuchs zu schaffen. Eine kleine Milbe löst den fatalen Prozess aus, der bei der Räude zunächst zum charakteristischen Fellverlust an Lunte und Ohren und langfristig durch Schwächung des Körpers zum Tod führt. Bis zu achtzig Prozent einer Fuchspopulation können so in einer einzigen Krankheitswelle ausgelöscht werden.

Zum Glück ist nicht jeder »räudig« aussehende Fuchs tatsächlich krank. Im Frühjahr sehen säugende Fähen während des Fellwechsels häufig stark mitgenommen aus. Von den fordernden Welpen geplagt und durch das Milchgeben ausgezehrt, ist ihr Fellwechsel gestört, und sie kommen häufig ziemlich zerzaust daher.

Und der Fuchsbandwurm? Den auszurotten ist leider schwer. Im Prinzip gilt das gleiche Muster wie bei der Bekämpfung der Tollwut: Auch hier scheint die Jagd nicht geeignet zu sein, um die Durchseuchung der Füchse mit dem Erreger *Echinococcus multilocularis* zu reduzieren. Aus den genannten Gründen (vermehrte Bewegung und Fluktuation), aber auch weil es in Populationen mit hohem Jagddruck mehr junge Füchse gibt. Verschiedene Studien haben gezeigt, dass Jungtiere mehr Parasiten im Darm tragen als ältere Tiere und sich dadurch das Übertragungsrisiko des Fuchsbandwurms erhöht. Statt der Jagd gibt es wirksame Medikamente, sogenannte Anthelminthika oder »Wurmkuren«. Sie werden oral verabreicht und können einen Fuchs von seinen Würmern befreien. Die gleichen Medikamente kommen auch bei unseren Haushunden zum Einsatz und gehören dort zur Standardprophylaxe.

Im Gegensatz zum Tollwutvirus, das wie viele andere Viren durch eine gewisse Impfquote in der Population ausgelöscht werden kann, wird der Fuchsbandwurm jedoch durch die Beutetiere der Füchse übertragen, vor allem von Mäusen. So kann eine gezielte Entwurmung den Befall in Fuchspopulationen zwar massiv senken, aber nicht verhindern, sie muss kontinuierlich betrieben werden.

Was bedeutet das für den Menschen? Ist unsere Angst vorm Fuchsbandwurm berechtigt? Eine ältere Dame, die mich bei einer Veranstaltung mal nach dem Fuchsbandwurm fragte, brachte mich sehr zum Schmunzeln. Ich erzählte ihr, dass die Inkubationszeit beim Fuchsbandwurm sehr lang sei, Menschen erkranken oft erst nach zehn oder gar fünfzehn Jahren. Sie winkte daraufhin beruhigt ab und sagte, damit sei sie nun offiziell zu alt, um sich den Kopf über den Fuchsbandwurm zu zerbrechen. Tatsächlich gibt es nur sehr wenige Ansteckungen von Menschen, obwohl mancherorts ein großer Teil der Füchse den Fuchsbandwurm trägt. Da sich die meisten dieser Infektionen zudem auf Tätigkeiten mit Füchsen zurückführen lassen (zum Beispiel im Jagd- oder Forstwesen), scheint für eine Übertragung ein enger Kontakt mit einer ausreichend großen Anzahl von Eiern notwendig zu sein. Wenn Sie also Horrorgeschichten über verseuchte Himbeeren im Wald oder den Fuchsbandwurm in städtischen Vorgärten hören, lassen Sie sich nicht zu sehr aus der Ruhe bringen.

Solange man sich an vernünftige Hygieneregeln hält, ist das Risiko, an der durch den Fuchsbandwurm ausgelösten Echinokokkose zu erkranken, extrem gering: Nach dem Kontakt mit Erde die Hände waschen, eventuell mal im Garten anfallenden Fuchskot vorsichtshalber mit einer Schaufel entsorgen, alles Selbstgepflückte und -gesammelte gründlich waschen, bevor man es isst, und keine Füchse streicheln (das wollen die ohnehin nicht).

Statistisch gesehen ist es – ohne Ihnen zu nahe treten zu wollen – wahrscheinlicher, dass Sie im Sommer in einem der deutschen Badeseen ertrinken, oder sehr viel wahrscheinlicher, dass Sie eine der weniger spektakulären, aber sehr viel häufigeren Erkrankungen wie Arteriosklerose dahinrafft.

FOX FUN FACT

Burgfriede

Gelegentlich ziehen Füchse in Baue ein, die andere Tiere gegraben haben. Häufig sind das verlassene Baue, manchmal jedoch auch solche, die die eigentlichen Erbauer für sich angelegt haben und auch noch nutzen. Das kann zu ungewöhnlichen Wohngemeinschaften führen, zum Beispiel zwischen Fuchs und Dachs und sogar zwischen Fuchs und Wildkaninchen. Obwohl Kaninchen eigentlich auf der Speisekarte der Füchse stehen, werden sie innerhalb des Baus nicht angegriffen. Es herrscht »Burgfrieden«. Allzu eng mag es der Fuchs in seiner WG dennoch nicht. Meist werden vor allem die Tunnel gemeinsam genutzt, als Wohnzimmer wird ein eigener Kessel ausgehoben.

Füchse in den sozialen Medien

Es ist beeindruckend zu verfolgen, welche Wandlung das Image des Fuchses im Laufe der Jahre durchgemacht hat. Wurde er früher noch überwiegend mit Krankheiten und Diebstahl assoziiert, ist er heute von einer Mehrheit der Deutschen gern gesehen und hat eine stetig wachsende Fangemeinde: Ob Postkarten, T-Shirts, Stoffe oder Brotdosen, Fuchsprints sind überall. Sie sind vielleicht aktuell das beliebteste Tiermotiv auf Alltagsprodukten, in der Textilindustrie und in der Kunst.

Füchse abzubilden ist sicherlich nicht neu. Neben den Illustrationen der bereits erwähnten Fuchsgeschichten widmeten sich durch die Jahrhunderte auch diverse Maler dem Fuchs und der Fuchsjagd, darunter beispielsweise Heywood Hardy oder Franz Marc. Mit den modernen Medien kommt jedoch eine weitere Dimension hinzu: Füchse sind beliebt in den sozialen Netzwerken. So verfolgten Tausende Twitter-User beispielsweise die Geschichte von einem Fuchs aus Berlin-Zehlendorf, der eine fuchstypische Eigenart auf die Spitze trieb. Überall verschwanden auf mysteriöse Weise Schuhe aus Gärten, von Terrassen und aus Schuhregalen. Mal einzeln, mal gleich im Paar. Als ein bestohlener Bürger den Täter auf frischer Tat ertappte und ihm folgte, fand er das gesammelte Raubgut des Fuchses. Mehr als hundert Schuhe hatte er entwendet.

Die Geschichte brachte nicht nur Anwohner und »Geschädigte« zum Schmunzeln, auch der *Stern* spekulierte, ob der Fuchs wohl ein Faible für Schuhe oder aber sein Revier als zu unaufgeräumt empfunden habe.

Das Stehlen von Gegenständen ist tatsächlich so eine Marotte, die der kleine Räuber hat. Es verschwinden nicht nur Schuhe, sondern auch Fußbälle, Hundespielzeug oder Gartenutensilien. Füchse spielen gerne mit diesen Gegenständen, und besonders für Jungfüchse ist so ein Lederschuh natürlich ein super Kauspielzeug.

Einer meiner Johannisthaler Füchse, eine Fuchsfamilie, die ich seit 2015 regelmäßig besuche, interessierte sich besonders intensiv für meine Wildkamera, die ich dort zur Beobachtung der Füchse installiert hatte. Dass Füchse an den Kameras schnüffeln, ist mir schon oft aufgefallen. Auch, dass sie gerne mal eine Weile verharren und dabei direkt in die Linse schauen, als würden sie in Anbetracht meiner unverhohlenen Spionage gelangweilt und selbstbewusst sagen: »Na und?« Dieser Fuchs beschloss hingegen, die Kamera zunächst neu auszurichten und sie anschließend gleich ganz mitzunehmen. Zum Glück begnügte er sich damit, sie etwas herumzuschleifen, und ließ sie anschließend liegen. So konnte ich sie, wenn auch ein wenig mitgenommen, immerhin funktionstüchtig wieder einsammeln. Die verdutzte Biologin vor ihrem Rechner sah dann beim Durchklicken von Tausenden sich mehr oder minder gleichenden Bildaufnahmen zunächst einen Fuchs, dann plötzlich einen sehr nahen Fuchs, dann ein Nasenloch, das Innere eines Fuchsmauls, hektisches Gewackel und schließlich die wahrscheinlich längste je geschossene Serie von Wolkenbildern.

Zu einiger Bekanntheit brachten es auch die BVG-Füchse, die an der Endhaltestelle der Linie 169 im Bezirk Treptow-Köpenick den Busfahrer nicht aus der Fassung, aber zu einem kuriosen Schnappschuss brachten. Die Tiere standen zu mehreren an der Haltestelle – wie man das eben so macht, wenn man auf den Bus wartet. Sie scheuten auch nicht davor zurück, tatsächlich in den Bus einzusteigen, wo einer der Füchse im Türbereich Platz nahm. Die Berliner Verkehrsbetriebe teilten das Erlebnis mit der Twitter-Community und titelten lässig »Und wenn Se n Grizzlybär wärn ... Tür frei, sonst geht's hier nicht weiter«.

Auch in die Social-Media-Kanäle der Politik hat es der Fuchs gebracht. »Dürfen wir vorstellen? Der heimliche ›Schlossherr‹ von Bellevue«, hieß es im Instagram-Feed von Bundespräsident Steinmeier im Dezember 2020. Man rief die Bevölkerung auf, Namensvorschläge für den Schlossfuchs einzureichen, und wählte unter mehr als 10 000 Einsendungen schließlich Theo, nach dem ehemaligen Bundespräsidenten Theodor Heuss.

Eine eigene Social-Media-Präsenz hat gar ein Fuchs aus Kreuzberg: Der Bergmannfuchs, benannt nach seinem Kiez, besitzt einen Instagram-Account. Dort sieht man ihn zum Beispiel, wie er »den Blick über seine Ländereien streifen« lässt. Auch wenn man munkelt, dass er seine Beiträge erstellen lässt (Fuchs selbst hat schließlich Wichtigeres zu tun), erfährt man hier allerlei über sein Leben. So lesen wir, dass »sein wolframstählerner Wille und seine Verbissenheit, ja das Beharren und sein unbedingter Willen dafür sorgen, dass sein Tisch jederzeit gedeckt ist«, oder auch ganz in Anlehnung an David Macdonalds Zitat zur Katze unter den Hunden, dass der Bergmannfuchs »am Ende des Tages aus einer Hundehardware versehen mit Katzendistribution« bestehe.

Der Fuchs und die Menschen, die er fasziniert, bringen uns nun also zum Lachen statt zum Gruseln. Was für eine schöne Wendung. Vielleicht ist die Veränderung in der Wahrnehmung des Fuchses aber auch kein ausschließliches Fuchsphänomen. Möglicherweise ist sie Ausdruck einer Veränderung im Naturbild der Menschen: vom Utilitarismus in Richtung Anthropomorphismus.

In einer utilitaristischen Naturbetrachtung sind alle Pflanzen und Tiere letztlich Rohstoffe, die uns dienlich sind, zum Beispiel in Form von Nahrung oder Pelz. Doch seit einigen Jahrzehnten schreiben die Menschen Tieren zunehmend einen intrinsischen, ethischen Wert zu. Zu dieser Entwicklung haben nicht zuletzt die Verhaltensbiologie und die Kognitionsforschung beigetragen, die uns tiefe Einblicke in das Verhalten, die Psyche und das Wesen unserer tierischen Verwandten gebracht haben. Mit der Erkenntnis, dass andere Säugetiere ebenso zu komplexen Emotionen wie Trauer, Zuneigung oder Mitgefühl fähig sind, dass Tiere Persönlichkeiten besitzen, Emotionen in Träumen verarbeiten oder ein Gerechtigkeitsempfinden haben, entwickelte sich auch eine veränderte Haltung gegenüber dem Wert tierischen Lebens. Eine Veränderung, über die ich persönlich sehr froh bin und von der ich hoffe, dass sie unser Verhalten gegenüber Tieren auch in der Zukunft weiter positiv beeinflusst.

Manchmal schlagen die Bemühungen der Menschen, sich in Fuchs und Co. hineinzuversetzen, jedoch auch ins Gegenteil um. Dann werden Haustiere in Kleider gesteckt, Wildtiere gefüttert und alles von der Straße und aus den Parks »weggerettet«, was nicht bei drei auf dem Baum ist. Im Anthropomorphismus werden menschliche Eigenschaften auf Tiere projiziert, was zu Fehleinschätzungen und damit, genau wie der Utilitarismus, zu Handlungen führen kann, die nicht im Interesse der Tiere sind. Dazu gehört das Anfüttern von Füchsen, weil diese »traurig oder hungrig wirken«. Das mindert die natürlichen Fluchtdistanzen der Tiere und steht häufig am Beginn unerfreulicher Fuchsgeschichten, in denen Tiere geschossen werden müssen, da sie Verhaltensauffälligkeiten entwickelt haben. Ein weiteres Beispiel ist das Einsammeln von vermeintlich zurückgelassenen Fuchswelpen, deren Mutter lediglich auf Futtersuche ist.

Im Idealfall finden wir irgendwann eine gesunde Mitte in unserem Naturbild. Eine Haltung, bei der wir Wildtieren den Respekt entgegenbringen, den sie verdienen, und ihnen gleichzeitig zugestehen, zu sein, was sie sind - wild.

Dazu gehört auch, Wildtiere nicht nur dann zu respektieren, wenn sie uns keine Unannehmlichkeiten bereiten. Häufig wird der Fuchs so lange begeistert bewundert, wie man ihn im Park beobachten kann oder er adrett auf dem Rasen liegt. Aber fängt er an, das Erdbeerbeet als ansprechend gestaltete Toilette zu nutzen oder Löcher in den liebevoll angelegten Rasen zu graben, hört der Spaß auf. So zeigten schon einige Studien aus der Sozialpsychologie, dass wir Tiere dann besonders gerne mögen und schützen möchten, wenn sie weiter weg sind und uns nicht persönlich einschränken. Dann ist Arten- und Umweltschutz so herrlich einfach und bequem.

Umso wichtiger ist es im Sinne der friedlichen Koexistenz, nicht nur für die Akzeptanz von Fuchs und Co. zu werben, sondern auch Lösungen für Probleme anzubieten und Sorgen und Schwierigkeiten der Betroffenen nicht einfach mit einem Achselzucken abzutun. Viele dieser Probleme sind sicherlich komplex, doch manchmal sind schon ganz einfache Maßnahmen sehr wirkungsvoll. Wollen wir zum Beispiel den possierlichen Waschbären davon abhalten, in unseren Dachstuhl einzuziehen (denn Waschbären sind furchtbare Mitbewohner), können an der richtigen Stelle angebrachte Kletterbarrieren sehr nützlich sein. Und ein unerwünschter Fuchs im Garten zieht manchmal freiwillig um, wenn man die Quellen seines Interesses entfernt und beispielsweise Katzen nicht mehr draußen füttert oder den Kompost unzugänglich macht.

Wenn Sie das nächste Mal einen Konflikt mit einem Wildtier haben oder auch nur einen Beobachtungstipp wollen, schauen Sie doch mal beim Projekt »Stadtwildtiere/Wilde Nachbarn« unter www.stadtwildtiere.de vorbei. Das schweizerisch-österreichisch-deutsche Kooperationsprojekt zu Wildtieren im Siedlungsraum stellt viele Informationen zur Verfügung, vermittelt Lösungen bei Wildproblemen und ermöglicht es, im ganzen deutschsprachigen Raum eigene Wildtiersichtungen zu melden oder Fotos zu teilen. Und sollten Sie auch dort keine Lösung für Ihren Konflikt finden, lege ich Ihnen ans Herz zu hinterfragen: Wie viel wiegt der Einschnitt in mein Leben im Vergleich zur Existenzberechtigung von Tieren, deren Lebensräume im großen Stil von Menschen zerstört werden?

Und wie sieht das aktuelle Stimmungsbild zum Fuchs aus? Im Rahmen meines Forschungsprojekts habe ich gemeinsam mit Kollegen unter anderem aus der sozialpsychologischen Forschung eine Studie zur Haltung der Deutschen zum Fuchs durchgeführt. Ergebnis der repräsentativen Befragung: Die Mehrheit der Deutschen mag den Fuchs, auch wenn sich immer noch (zu) viele vor Tollwutansteckung fürchten. Städter mögen Füchse besonders gerne (die höchsten positiven Werte erreichte er in Berlin). Die meisten Deutschen wollen nicht, dass der Fuchs bejagt, sondern in Ruhe gelassen oder sogar gefördert wird. Je höher der Bildungsgrad der Befragten, desto positiver die Einstellung zum Fuchs – und: Glücklichere beziehungsweise lebenszufriedenere Menschen mögen Füchse lieber als Miesepeter dies tun. Was auch immer das nun heißen mag …

Von Füchsen und Menschen

Der Fuchs beschäftigt nicht nur mich und andere Forscher, Tierfilmer, Literaturschaffende, Medienmacher, professionelle und Laienfotografen, sondern auch viele Stadtbewohner und -bewohnerinnen. Dass merke ich vor allem daran, dass mich im Laufe meiner Arbeit mit dem Fuchs diverse E-Mails, Anrufe und sogar handgeschriebene Briefe von Menschen erreichten, die auf die eine oder andere Weise mit dem Fuchs zu tun haben. Einige wenige sind dem Fuchs gegenüber feindlich gesinnt, manche sind schlicht besorgt und erfragen Rat und Unterstützung für den richtigen Umgang mit ihren wilden Nachbarn. Die meisten jedoch wollen ihre eigenen Fuchsbeobachtungen mit mir teilen. Sie schicken mir Fotos und Videos und erzählen von ihren Erlebnissen. Einige dieser Meldungen kamen schon zu Beginn des Projekts zustande, als der Rundfunk Berlin-Brandenburg (rbb) in der großen Programmaktion »Füchse in der Stadt« dazu aufrief, Fuchserlebnisse zu teilen. Aber auch danach ließen die Nachrichten und Anfragen nie ganz nach.

Ich hoffe, alles beantwortet zu haben; falls mir jemand durchgerutscht ist, möchte ich mich an dieser Stelle entschuldigen. Denn ich freue mich sehr über das Interesse am Fuchs, und jemand, der eine Nachricht schreibt und um Hilfe bittet, weil er mit dem Fuchs in seinem Garten überfordert ist, ist mir allemal lieber als einer, der Angst vor den schönen Tieren hat oder gar einen Groll gegen sie aufbaut. Und so manche Fuchsgeschichte hat mich zum Schmunzeln oder Nachdenken gebracht, deshalb möchte ich Ihnen einen kleinen Einblick in die Vielfalt der Berliner Fuchsbegegnungen geben.

Fox Watching: Ein Ehepaar mit einem Haus in Berlin berichtete mir von einem Fuchs, der ihren Garten regelmäßig besucht. Als er im Frühjahr zum ersten Mal vorbeischaut, ist es eine große Überraschung. Wenige Tage später ist der Fuchs erneut da und kommt in den folgenden Wochen immer wieder vorbei. Er durchquert den Garten, und manchmal legt er sich auch für eine Weile auf den Rasen und sonnt sich. Das Paar ist so fasziniert von seinem Besucher, dass das Beobachten ein richtiges

Ritual wird. Am späten Nachmittag sitzen die beiden mit einem Glas Wein in der Hand hinter der Terrassentür und erwarten mit Spannung ihren Fuchs.

Besorgte Anrufer: Eine meiner Kolleginnen erzählte mir von einem Anruf: Ihre Nachbarin hatte unter einer Straßenlaterne zwei Füchse entdeckt, die augenscheinlich aneinander festhingen und dort nicht »wegkamen«. Die besorgte Frau, die offensichtlich noch nie vom Hängen der Füchse nach der Paarung gehört hatte, wollte nun wissen, ob man den Tieren irgendwie helfen müsse.

Schreckmoment: Diesen Bericht teilte eine Berlinerin während der rbb-Fuchsaktion: »Spätsommer 15, Kleingartenkolonie: Ich war damit beschäftigt, irgendwelche Pflanzen ein- oder Wurzelreste auszugraben. Es war ganz still. Plötzlich knackte es, und etwas sprang direkt vor mir über den Maschendrahtzaun, fast auf mich drauf und streifte meine Schulter. Wir haben beide einen wahnsinnigen Schreck bekommen. Für den Bruchteil einer Sekunde, die mir allerdings sehr lang vorkam, starrten ein wunderschöner Fuchs und ich uns direkt in die Augen. Es war so ein ›Die Zeit steht still‹-Moment. Dann drehte der Fuchs den Kopf weg, rannte und war verschwunden. Ich saß noch für einen Moment ganz bewegungslos da, den Anblick vor Augen und dem Eindruck nachspürend [...].«

Füchse in der Schule: Eine Schule mitten in Berlin-Neukölln beherbergt einen Fuchsbau auf dem Schulhof. Warum sich die Füchse ausgerechnet den lauten und belebten Pausenhof auserkoren haben, ist Lehrern wie Schülern unklar. Eigentlich freuen sie sich über die Tiere auf ihrem Gelände, machen sich aber Sorgen wegen potenzieller Tollwut- oder Fuchsbandwurminfektionen. Ich kann sie beruhigen. Und nachdem die Schüler nun wissen, dass die Tollwut ausgerottet ist und der Fuchsbandwurm in Berlin nicht vorkommt, können sie »ihren« Fuchs entspannt beobachten. Der Fuchs macht ihnen die Freude und zieht seine Welpen direkt auf dem Schulgelände auf.

Die Fuchspäpplerin: Durch Kontakt zur Wildtierrettung Berlin Brandenburg, die ehrenamtlich und spendenbasiert Einsätze zur Rettung von allerlei Tieren fährt, lerne ich Stephie kennen. Sie engagiert sich als Fuchspflegestelle und versorgt verletzte Füchse oder Fuchsfindelkinder, deren Eltern ums Leben kamen. Sie werden von ihr mit der Flasche aufgezogen und später wieder ausgewildert.

Ich besuche Stephie an einem grauen Märzsonntag und werde von einer dynamischen brünetten Frau empfangen, die zweifellos von Füchsen begeistert ist. In Form von Figuren und großformatigen Bildern schmücken sie das gemütliche Haus. Im Garten entsteht unweit des aufwendig angelegten Gartenteichs gerade eine neue Außenanlage für Füchse, für deren Finanzierung Stephie sich zu den vergangenen Geburtstagen und Weihnachtsfesten immer wieder Spenden gewünscht hat. Ihre Liebe zum Fuchs spürt man sofort, wenn sie ihre Schützlinge herzeigt und über sie spricht. Aktuell leben die winzige, circa drei Wochen alte Shadow und die etwa fünf Wochen alte Mia bei ihr im Haus. Während das ältere Fuchskind schon Fleisch frisst, bekommt Shadow noch alle vier Stunden die Flasche. Stephie hat sich gut informiert und belesen, bevor sie sich entschied, den ersten Fuchs aufzunehmen. Inzwischen hat sie über zwanzig Füchse großgezogen oder gesund gepflegt.

Stephie wollte immer schon Tieren helfen, erzählt sie mir. Dass es der Fuchs wurde, hat unter anderem damit zu tun, dass es ihr nicht passt, wie schlecht sein Ruf bei einigen Leuten ist. Also braucht es ihrer Meinung nach mehr Menschen, die sich für ihn einsetzen.

Wir sprechen auch über den Sinn und Unsinn von Auswilderung, die schwierig bis tödlich für den Fuchs verlaufen kann, weil die Zielreviere häufig bereits von anderen Füchsen besetzt sind. Und darüber, wie viele Tierkinder nur vermeintlich »gerettet« werden: Ahnungslose Menschen sammeln gesunde und wohlversorgte Welpen ein, deren Eltern lediglich auf Nahrungssuche sind. Stephie berät die Finder am Telefon, um solche Situationen zu verhindern, sie weiß, dass das Aufwachsen beim Menschen nur die Notlösung sein darf. Deswegen bemüht Stephie sich auch darum, sich bei »ihren« Füchsen rechtzeitig unbeliebt zu machen, wenn diese älter werden. Während sie als kleine Welpen noch viel Nähe brauchen, sollen sie als heranwachsende Halbstarke den Menschen wieder mit Argwohn betrachten lernen. Dafür reduziert Stephie den Kontakt zu den Füchsen auf das notwendige Minimum. Durch die größere Distanz und das Älterwerden kehrt die natürliche Scheu langsam zurück. Die Jungfüchse leben bis zur Auswilderung als Gruppe in der Außenanlage und können so im Umgang miteinander üben, ganz Fuchs zu sein.

Füchse als Trostspender: Eine Frau teilte diese berührende Fuchsgeschichte im Rahmen von »Füchse in der Stadt«: »Mein schönstes Erlebnis hatte ich an einem Sonntagmorgen, ich stand auf dem Friedhof in Schöneberg in der Kolonnenstraße am Grab meiner Tochter. Ich war sehr traurig. Plötzlich hörte ich ein leises Geräusch. Ich blickte zur Seite, und ganz in meiner Nähe stand ein junger Fuchs. Er blickte mich mit großen Augen an. Im Maul hatte er einen alten Turnschuh. ›Was bringst du mir denn?‹, fragte ich ihn. Er ließ den Turnschuh fallen, drehte sich um und trottete davon. Ich musste nun doch etwas lachen und dachte: ›Ob der Fuchs wohl ein Gruß meiner Tochter ist?‹ Nun wurde es um mein Herz leichter, und ich ging etwas getröstet nach Haus.«

Der Bücherfuchs: Direkt am Pankower Bürgerpark liegt die Buchhandlung Pankebuch. Der kleine, urige Buchladen hat sich auf die schönsten Bücher aus dem Norden spezialisiert. Zwischen Astrid Lindgrens Kinderbüchern und der ganzen Bandbreite nordischer Literatur finden sich natürlich auch einige Naturbücher. Darüber, ob es diese sind oder vielleicht das ungemütliche Wetter vor der Ladentür, was den ungewöhnlichen Besucher an diesem Samstagnachmittag zu seinem Besuch inspiriert, können wir nur spekulieren. Um die Mittagszeit kehrt in dem sonst rege besuchten Buchladen häufig etwas Ruhe ein, an diesem verregneten Tag ist es besonders ruhig. Die Buchhändlerin ist in ihre Arbeit vertieft, als sie aus dem Augenwinkel sieht, dass jemand durch die offene Tür hereinkommt. Hinter dem Ladentisch sitzend bemerkt sie einen Schwanz und denkt, der Hund der Tochter habe den Laden betreten. Ehe sie sichs versieht, springt jedoch urplötzlich ein Fuchs auf das Ladensofa, das sonst zum Verweilen und Schmökern einlädt, aber gerade voller Bücherstapel ist. Der Fuchs steht zwischen Pippi Langstrumpf, Lotta und Tomte Tummetott auf dem Sofa und sieht sich interessiert im Laden um. Ein Blick nach links und nach rechts, ein Blick hinter das Sofa, dann springt er hinunter, dreht eine Runde um den großen Tisch in der Mitte und verlässt die Buchhandlung so flink und leise, wie er sie betreten hat.

Immer auf seiner Fährte: Fuchsforschung im Wandel der Zeit

Ob das eigene Bild von ihm nun eher positiv oder negativ ausfällt, irgendwie scheint der Fuchs für uns immer eine Rolle zu spielen. Doch warum beschäftigt er uns so? Dass er solch eine schöne Erscheinung ist, hat ihm in dieser Hinsicht sicherlich nicht geschadet. Aber womöglich steckt auch mehr dahinter. Wie die viele Literatur zum Fuchs bereits nahelegt, erkennen wir vielleicht menschliche Eigenschaften in den schlauen Tieren, ja vielleicht erkennen wir uns selbst in den Füchsen wieder.

Ich kann mich dem Bann des Fuchses jedenfalls nicht entziehen. Wann immer ich ihm begegne, bin ich aufs Neue fasziniert. Ich wohne im Südosten Berlins, unweit von See und Wald. Meine Lieblingslaufstrecke führt mich zunächst in den Wald, durch ein Naturschutzgebiet geht es auf einem schmalen Trampelpfad entlang einer Bach- und Moorlandschaft. Ich liebe diesen Ort, man sieht große, alte Eichen, Kolbenriet und Wasserlilien, und auch viele Vögel lassen sich blicken. Ich freue mich immer wieder über Grünspecht, Kleiber oder Sperber, aber eigentlich warte ich doch immer auf jemand ganz anderen ...

Am Wendepunkt meiner Runde geht es Richtung Ufer, am Wasser entlang durch den Wald, bis dieser endet und bebautes Gebiet beginnt. Rechts von mir liegt eine Brachfläche.

Dort begegne ich ihm zum ersten Mal völlig unerwartet, plötzlich steht der Fuchs vor mir, mitten auf dem Bordstein. Ich beobachte ihn eine ganze Weile. Es fällt mir schwer, mich von dem Anblick zu lösen, doch ohne Bewegung wird mir kalt, und ich habe den Eindruck, den Fuchs in seiner Abendplanung zu stören, wie auch immer diese aussehen mag. Also laufe ich weiter.

Beim zweiten Mal höre ich ihn schon von Weitem, denn er versucht gerade, einen großen, angerissenen Müllsack voller Konserven und Haushaltsabfälle aus einem Gebüsch herauszuziehen. Als er mich bemerkt, hält er inne und beäugt mich misstrauisch. Vielleicht denkt er, ich wolle ihm seinen Müll streitig machen. Ich lasse ihm seine Beute und laufe nach Hause. Insgeheim wünsche ich jedoch, ich könnte ihm folgen und in seine Welt eintauchen. Ich will wissen, wohin er geht, wenn er sich meinen Blicken entzieht, wo sein Bau ist, ob er eine Familie hat und ob es ihm gut geht.

Ich treffe diesen Fuchs noch einige Male, immer an der gleichen Ecke. Mittlerweile ertappe ich mich dabei, absichtlich zu einer bestimmten Zeit loszulaufen, um ihm vielleicht wieder zu begegnen. Füchse sind Gewohnheitstiere. Trifft man sie irgendwo, lohnt es sich häufig, es zur gleichen Zeit am selben Ort erneut zu versuchen.

Die letzte Begegnung ist schon eine Weile her und hallt dennoch in mir nach. Und jedes Mal, wenn ich an dieser Stelle vorbeilaufe, denke ich an »meinen« Fuchs und halte die Augen offen.

Weil uns der Fuchs so beschäftigt, gab es auch immer Menschen wie mich, die sich der Entschlüsselung seiner Geheimnisse verschrieben. Weltweit wird schon lange rund um den Fuchs geforscht. Das Mekka der Fuchsforschung liegt dabei in Großbritannien.

Aus keinem anderen Land der Erde stammt so viel Fuchsliteratur. Dabei kommt man an einem Namen nicht vorbei: David Macdonald. Der Biologe, mit dem die britische Fuchs- und Naturschutzforschung groß wurde, widmete sich früh dem Wildtier- und Naturschutz. Später gründete er mit der Wildlife Conservation Research Unit (WildCru) die erste universitäre Forschungseinheit für Naturschutz an einer europäischen Hochschule und steht dieser noch heute als Direktor vor. Der Fuchs begleitete ihn viele Jahre seines Forscherlebens, er leitete eine Arbeitsgruppe zum Thema, und zahlreiche wissenschaftliche Abhandlungen rund um den Fuchs tragen seinen Namen. Von David Macdonald stammt auch das wunderschöne Buch »Running With the Fox«, das erste Fuchsbuch, das ich gelesen habe und dessen Lektüre ich jedem Fuchsfreund ans Herz legen möchte.

Dass Großbritannien das Mekka der Fuchsforschung ist, kommt übrigens nicht von ungefähr. Während Deutschland erst seit 2008 als frei von terrestrischer Tollwut gilt, wurde sie bei Wildtieren in Großbritannien bereits 1922 offiziell ausgerottet. Zuvor grassierte das Virus insbesondere in den ärmeren Stadtvierteln und wurde von streunenden Straßenhunden immer weitergetragen. Erst rigorose Bekämpfung der Straßenhundepopulation, Kontrollen von Hundebesitzern und verschärfte Hygienemaßnahmen brachten Erleichterung. Schon 1885 begann man mit Impfungen, und es wurden Quarantäneregeln für die Einfuhr von Hunden aufgestellt.

Auch die Kolonisierung der Städte durch Füchse, die wir in Deutschland ebenfalls beobachten, hat in Großbritannien Jahrzehnte früher eingesetzt. Das neue Phänomen städtischer Wildtiere entfachte ein reges wissenschaftliches Interesse, auch nachdem sich David Macdonald anderen Themen zugewandt hatte (bis heute hat er Dutzende Arten auf der ganzen Welt studiert). Stephen Harris, ein früherer Mitarbeiter der Fuchsgruppe Macdonalds, wurde ein weiterer wichtiger Fuchsforscher, der zahlreiche wissenschaftliche Artikel und Bücher über die Tiere veröffentlichte. Er und weitere britische Wissenschaftlerinnen und Wissenschaftler setzen die Fuchsforschung bis heute fort.

Kurz nachdem ich meinen ersten Fachartikel über Füchse in einer internationalen Zeitschrift veröffentlicht habe, bekomme ich eine E-Mail. Ein gewisser Steve beglückwünscht mich mit lobenden Worten zu meiner Publikation und lässt nette Grüße da. Es dauert einen Moment, bis mir klar wird, dass ich eine Nachricht von Stephen Harris persönlich bekommen habe. Neben der Freude über das nette Kompliment berührt es mich, dass er den Artikel gelesen hat. Denn das bedeutet, dass er seine Fuchsfaszination selbst nach all den Jahren wohl nicht verloren hat und noch immer neugierig verfolgt, was andere Fuchsverrückte auf der Welt herausfinden. Ich hoffe, dass das auch für mich einmal gelten wird.

Auch in Deutschland gibt es eine Historie der Fuchsforschung. Etwa zwanzig Jahre vor David Macdonalds Karrierebeginn, im Berlin der Fünfzigerjahre, hatte Günter Tembrock sich mit Leib und Seele der Erforschung tierischen Verhaltens verschrieben. 1948 gründete er in Ostberlin die Forschungsstätte für Tierpsychologie, die erste ethologische Forschungsstätte in Deutschland. So trat er in die Fußstapfen von großen Namen wie Nikolaas Tinbergen oder Konrad Lorenz, die die Verhaltensforschung als neue wissenschaftliche Disziplin quasi begründet hatten. Tembrock wollte tierisches Verhalten nicht nur beobachten, sondern in all seinen Nuancen und Feinheiten dokumentieren, und schrieb bergeweise minutiös geführte Protokolle seiner Beobachtungen und Versuche. Als Direktor des Zoologischen Instituts der Humboldt-Universität wachte er außerdem über eine ganze Reihe von Untersuchungstieren, die auf dem Gelände des Instituts, welches heute zum Museum für Naturkunde Berlin gehört, gehalten wurden.

Sein Hauptaugenmerk lag jedoch auf der Fuchsforschung, mit der er sich bis an sein Lebensende beschäftigte. Schon ein Jahr nach der Gründung der Forschungsstätte zogen die ersten Füchse im Westflügel des Gebäudes ein. Die aus Tierhandlungen, Zoos und Privathaushalten stammenden Tiere bewohnten mehrere Räume und auch den Garten des Instituts. Das Freigehege dort war so angelegt, dass Tembrock es vom Fenster seines Büros aus beobachten konnte. Betrachtet man Fotos aus dieser Zeit, könnte man meinen, die Füchse hätten das Institut regelrecht übernommen. Es scheint, als hätte Tembrock sie fast schon wie Arbeitskollegen behandelt.

Seine Habilitation erwarb Tembrock mit seiner Arbeit »Zur Ethologie des Rotfuchses unter besonderer Berücksichtigung der Fortpflanzung«, also zu seinem Verhalten – und es gab wohl keinen Bereich des Fuchsverhaltens, der ihn nicht interessierte. Er entwickelte allerlei Apparate und Experimente, um beispielsweise die Bewegungsabläufe von Füchsen zu dokumentieren, und erdachte die unterschiedlichsten Versuche, in denen er die Füchse mit ihnen bisher unbekannten Ereignissen konfrontierte und dann ihre Reaktionen genauestens beobachtete. So wurde am 16. Juli 1957 einem Fuchs namens Nedda ein ausgestopfter Dachs aus dem Museum präsentiert, und Tembrock dokumentierte die Begegnung mit dem Fotoapparat und notierte in allen Einzelheiten die Reaktionen des Fuchses.

Besonders angetan hatte es Günter Tembrock jedoch das vielfältige Kommunikationsverhalten der Füchse. Er widmete einen Großteil seines Lebens der Kommunikations- und Lautforschung und baute in Berlin das größte Tierstimmenarchiv Europas auf, das mehr als 120 000 Aufnahmen von Tausenden Tierarten umfasst. Neben 1800 Vogel- und 580 Säugetierarten sind sogar Geräusche von Reptilien, Amphibien, Fischen und Insekten dokumentiert. Die Aufnahmen aus Zoos und der freien Wildbahn stammen aus Europa, Nordafrika, Nord- und Mittelamerika, Zentralasien und der Antarktis. Bis 1990 kamen die meisten Aufnahmen von Tembrock und seinen Kollegen, heute beinhaltet das Archiv, welches inzwischen ebenfalls Teil des Berliner Naturkundemuseums ist, noch viele weitere Sammlungen.

Aus unserer gegenwärtigen Perspektive sind viele Untersuchungen, die Tembrock mit seinen Füchsen durchführte, kritisch zu sehen – sei es die Haltungsform der Tiere, die sicherlich heute keiner Tierversuchskommission standhalten würde, oder die Aussagekraft mancher Verhaltensanalysen bei handaufgezogenen Tieren. Dennoch war Tembrock ein Pionier seiner Zeit. Von 1952 bis 1966 entstanden 345 Tonbänder mit Fuchslauten mit sage und schreibe zwanzig Stunden reiner Spielzeit. Sein Film »Lautforschung bei *Vulpes vulpes L.* und anderen Caniden« war der erste Hochschulfilm zur akustischen Kommunikation bei Tieren und damit ein früher Beitrag zu einer Disziplin, die inzwischen ein selbstverständlicher und wichtiger Teil der Biologie ist: der Bioakustik. In der Bioakustik werden unter anderem Evolution, Funktion und Mechanismen der akustischen Signale von Tieren erforscht (am bekanntesten ist dabei wahrscheinlich die meeresbiologische Forschung, Stichwort Walgesänge). Ohne Tembrock lägen nach wie vor viele Geheimnisse des Fuchses im Dunkeln, und vor allem wüssten wir vielleicht immer noch nicht, was er alles sagt ...

Als letzten historischen Ausflug in die Fuchsforschung schauen wir nach Osten, ins russische Nowosibirsk. Weit weg von Berlin, aber zur gleichen Zeit wie Günter Tembrock, erforschte Dmitri Konstantinowitsch Beljajew ebenfalls Füchse.

Was Beljajew umtrieb, war die Frage, wie es sein konnte, dass Tiere sich an den Menschen anpassten und sich durch das Zusammenleben mit dem Menschen teils erheblich veränderten. Das eindrücklichste Beispiel für diese Entwicklung ist unser Haushund. Wenn wir uns heute Mops, Basset oder Pudel ansehen, ist es fast unvorstellbar, dass diese sich aus dem Wolf entwickeln konnten. Und selbst wenn uns Schäferhund oder Husky sicherlich stärker an ihren wilden Urahn erinnern, haben auch diese wenig mit dem Wolf gemein. Denn nicht nur die körperlichen Veränderungen machen den Hund zum Hund. Es ist hauptsächlich das Wesen des Hundes, welches ihn vom Wolf unterscheidet (rein biologisch ist er noch immer lediglich eine Unterart des Wolfes). Hunde sind ein einzigartiges Beispiel für Kooperation. Wenn man bedenkt, wie schwer uns Menschen die Kommunikation untereinander häufig schon fällt, erscheint es wie ein Wunder, dass der Hund gelernt hat, mit einer völlig andersartigen Spezies, dem Menschen, zu kommunizieren.

Diesen Prozess der Hund-Werdung des Wolfes und die Grundprinzipien und Mechanismen der Domestikation – das wollte Beljajew ergründen. Und um diese Entwicklung nachzubilden, wählte er den Fuchs, in der Annahme, dass der sich als Verwandter des Wolfes wohl am ehesten eignen würde.

1959 begann er in einem gigantischen Experiment, das bis zum heutigen Tag andauert, Füchse zu »Haustieren« zu machen. In seiner Forschungsstation wurden zahlreiche Füchse in Käfigen gehalten. In Versuchen wurde dann überprüft, wie zutraulich die einzelnen Tiere waren. Es wurde dokumentiert, wie sie sich verhielten, wenn sich Menschen den Käfigen näherten oder die Füchse gar berührten. Der Kontakt zu den Tieren wurde dabei möglichst auf ebendiese Experimente beschränkt, denn was Beljajew interessierte, waren nicht erlernte Verhaltensweisen durch eine Gewöhnung an den Menschen, sondern angeborene Unterschiede in der Gutmütigkeit und Zutraulichkeit der Füchse. Die zutraulichsten unter ihnen wurden dann verpaart, um so Generation für Generation zahmere Füchse zu züchten.

Tatsächlich veränderte sich das Temperament der Füchse im Laufe der Zeit. Allerdings beschränkten sich die Veränderungen nicht nur auf das Wesen der Tiere, sie begannen sich auch optisch zu verändern. Statt dem rostroten Pelz, der die häufigste Wildfarbe ist, gab es immer hellere Tiere. Es entstanden schwarzweiß gescheckte Füchse, wie wir es von vielen Hunderassen kennen, Füchse mit weißen Blessen auf der Stirn oder mit Schlappohren und gebogenen Schwänzen. Außerdem wurden die Schnauzen der Füchse kürzer, die Köpfe runder.

Auch für diese Forschung gilt, dass sie aus ethischer Perspektive äußerst fragwürdig ist. In den Anfangszeiten von Tembrock und Beljajew waren Tierethik und eine kritische Betrachtung tierexperimentellen Arbeitens noch kein wirkliches gesellschaftliches Thema. Die weltweit erste Professur für Tiergesundheit oder -wohlbefinden entstand erst Jahrzehnte später, 1986 an der Cambridge University (mit Donald Broom, Professor of Animal Welfare), und noch heute hat das Thema leider nicht den Stellenwert, den es verdient.

Beljajew starb 1985, doch seine Forschungen werden nach wie vor fortgesetzt und sind mit dem heutigen Wissen über die Tierpsyche sicherlich anders zu bewerten. Die Füchse werden in kleinen Käfigen gehalten, die sehr an Pelzfarmen erinnern – an die übrigens Tiere, die nicht für die Zucht geeignet waren, verkauft wurden, was wohl auch heute noch geschieht. Die »glücklichen« zahmen Exemplare dürfen ebenfalls kein artgerechtes Leben führen, sie werden als Haustiere an wohlhabende Russen und ins Ausland verkauft.

Dennoch ist auch dieses Experiment natürlich Teil der Wissenschaftsgeschichte rund um den Fuchs. Mittlerweile wurden fünfzig Generationen von freundlichen (und im Pendant aggressiven) Füchsen gezüchtet. Die Beobachtungen zu deren äußerlichen Veränderungen durch Zucht auf Zahmheit, das heißt, die Kopplung von Verhalten und äußerlichen Merkmalen, sind als sogenanntes Domestikationssyndrom in die Lehrbücher eingegangen. Inzwischen wurde dieser Prozess vielfach für verschiedenste Arten beschrieben. Er tritt selbst dann auf, wenn der Mensch nicht aktiv eingreift. So fanden zum Beispiel Züricher Forscher heraus, dass Mäuse einer Population im Laufe der Generationen weiße Fellflecken und kürzere Schnauzen allein dadurch entwickelten, dass sie in der Nähe des Menschen lebten. Selbstdomestikation nennt sich dieses Phänomen.

Erst kürzlich konnten britische Forscher übrigens verkürzte Schädel bei den Londoner Stadtfüchsen nachweisen – ein mögliches Zeichen für eine Selbstdomestikation des Fuchses? Die Zeit wird es zeigen. Diesmal wäre es jedenfalls aus freien Stücken.

Und welche Fragen rund um den Fuchs treiben die Wissenschaftler heute um? Geforscht wird überall auf der Welt zu verschiedensten biologischen Themenfeldern. Für einen kleinen Überblick soll eine Auswahl publizierter Fuchsstudien aus den letzten Jahren reichen.

2019: Eine Arbeit aus Stephen Harris' Forschungsgruppe aus Großbritannien untersuchte mithilfe von Computermodellen und Wildkameraaufnahmen Wesen und Stabilität sozialer Gruppenstrukturen bei Füchsen. Sie entdeckte, dass Füchse sowohl Langzeitkontakte zu Artgenossen pflegten als auch kurzfristige Fuchs-Fuchs-Beziehungen und flüchtige Alltagskontakte unterhielten. Ein Forscherteam aus Tunesien nutzte ebenfalls Wildkameras, um zu untersuchen, wie sich die täglichen Aktivitätsmuster und die Lebensraumnutzung von Rotfuchs, Fennek und Afrikanischem Goldwolf überlappen. Eine spanische Arbeitsgruppe wollte die Möglichkeiten verbessern, anhand von Fraßspuren an prähistorischen Knochen von Beutetieren auf den Verursacher zu schließen. Sie untersuchte dafür in den spanischen Pyrenäen Knochen, die unter anderem von Füchsen abgenagt wurden.

2020: Eine Studie aus Portugal befasste sich mit den Effekten von Landschaftsstrukturen und menschlichen Einflüssen in mediterranen Waldgebieten und landwirtschaftlichen Flächen auf Fuchsbewegungen, als Basis dienten Kotanalysen. Eine Studie aus Brandenburg beschäftigte sich damit, inwieweit auch Füchse von dem für den Menschen ebenfalls relevanten Virus Hepatitis E betroffen sind. Und auch aus Nowosibirsk erschien Neues aus der Domestikationsforschung: Die Wissenschaftler untersuchten die neurologischen Aspekte der Zahmheit, indem sie sich ansahen, wie sich die Transkription von Genen (also das Lesen und Ausführen von Erbinformationen) in den Gehirnen von zahmen und aggressiven Füchsen unterscheidet. Sie fanden dabei Unterschiede in dem für Kampf- und Fluchtreaktionen zuständigen Hypothalamus.

2021: Ein polnisches Team forschte zur Fruchtbarkeit von Fuchshybriden, also Füchsen, deren Elterntiere zu unterschiedlichen Fuchsarten gehören. Es entdeckte, dass männliche Füchse, die aus einer Kreuzung von Rotfuchs und Polarfuchs hervorgehen, häufig unfruchtbar sind. Eine Arbeitsgruppe aus Norwegen untersuchte hingegen, ob mithilfe von GPS-Fehlern bei besenderten

Fuchsfähen Aussagen darüber getroffen werden können, ob die Füchse Jungtiere hatten, und konnte so Rückschlüsse auf die Geburtsdaten der Jungfüchse ziehen.

Anhand der wenigen Beispiele lässt sich eines bereits erahnen: Generell sind die Forschungen im Laufe der Zeit deutlich komplexer geworden. Heute sind detaillierte genetische Analysen oder das Computermodellieren von komplexen ökologischen Zusammenhängen der Standard. Je tiefer wir in Details vordringen, desto komplexer werden auch die gewonnenen Daten und ihre Auswertungsmöglichkeiten. Für viele Analysen braucht es daher nicht mehr nur biologische, sondern auch informationstechnologische Expertise. Das Arbeiten als Biologe hat sich in den letzten zehn, zwanzig Jahren so stark verändert, dass es nur noch wenig mit den Ursprüngen der Naturforschung gemein hat. Und doch ist der Fuchs nach wie vor spannend für die Wissenschaft – aber warum eigentlich?

Da gibt es einige Gründe, ganz vorne für uns Ökologen und Verhaltensforscher steht die Flexibilität des Fuchses, oder wie wir Biologen es nennen, seine »phänotypische Plastizität«. Während manche Arten nur in ganz bestimmten Lebensräumen und unter ganz spezifischen Bedingungen vorkommen können und komplette Populationen aussterben, wenn sich die Temperatur um wenige Grade verändert oder es anhaltend stärker regnet, kommen Füchse als Tiere mit einer hohen Plastizität mit viel Veränderung zurecht. Häufig sind solche Arten in allerlei Lebensbereichen flexibel: in ihrem Nahrungsspektrum, ihrer Lebensraumwahl oder ihrem Sozialverhalten.

Diese flexiblen Zeitgenossen sind also eine ideale Grundlage, um die Anpassungsfähigkeit von Arten zu erforschen. Neben grundlegenden Erkenntnissen zur Biologie der erforschten Spezies soll die sogenannte Resilienzforschung uns auch helfen zu verstehen, warum manche Arten so anpassungsfähig sind und inwieweit wir diese Erkenntnisse möglicherweise für den Artenschutz und die Rettung der weniger flexiblen Arten nutzen können.

Hohe Plastizität? Check. Beeindruckende Anpassungsleistungen? Check. Komplexes und variables Sozialverhalten? Check. Der Fuchs als erfolgreichstes Landraubtier der Erde, das von der eisigen Tundra über Wüsten bis in die Stadt alle Lebensräume bewohnt, erfüllt alle Kriterien, und so ist die Erforschung seiner Anpassungsleistung eines der vielen spannenden Themen, die die Wissenschaft noch heute beschäftigt. Von all den herausfordernden Lebensräumen, die Füchse im Laufe ihrer evolutionären Karriere erobert haben, ist die Stadt vielleicht der abenteuerlichste. So wurde der Fuchs quasi das Wappentier der neuen »Stadtökologie«.

FOX FUN FACT

Mutige Füchse und runde Köpfe

Das Leben in der Nähe der Menschen verändert Füchse. Ein sichtbarer Unterschied ist die Reduktion der Fluchtdistanzen: Ein Fuchs im Siedlungsgebiet lässt Menschen deutlich näher an sich herankommen, bevor er flieht, als sein Artgenosse auf dem Land. Untersuchungen der Berliner und Brandenburger Füchse ergaben außerdem, dass sich die beiden Gruppen genetisch unterscheiden, und Forscher in Großbritannien haben sogar morphologische, also körperliche, Abweichungen bei Stadtfüchsen entdeckt. Die Vermessung von Schädeln zeigte, dass Stadtfüchse kürzere, rundere Schnauzen haben und dass sich Männchen und Weibchen weniger stark unterscheiden.

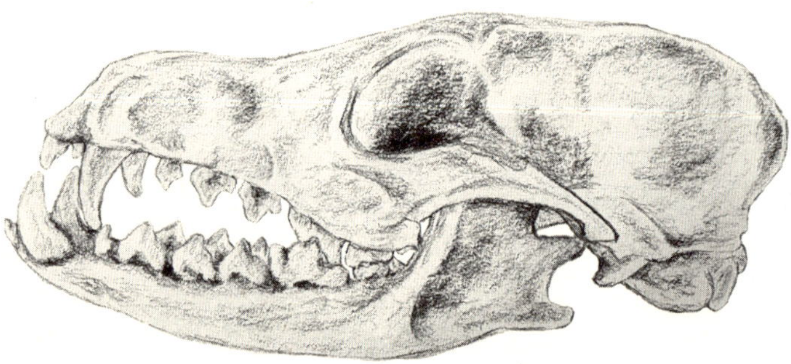

Von Füchsen und anderen Stadtbewohnern

Die Vorstellung der Stadt als Lebensraum von Wildtieren und Pflanzen wirkt erst mal befremdlich. Und der Begriff »Stadtökologie« erscheint zunächst wie ein Oxymoron. Auch ich betrat in dieser Forschungsdisziplin am Beginn meines Fuchsprojekts persönliches Neuland. Ich hatte Biologie studiert und mich entsprechend von evolutionären Grundlagen über molekulargenetische Prozesse bis hin zur Funktionsweise von Pflanzenorganen mit allerlei Themen beschäftigt. Im Aufbaustudium kam der Fokus auf Ökologie und Verhalten dazu mit einer Forschungsarbeit über mexikanische Präriehunde.

In Mexiko stand ich also in dieser unendlichen Weite, und eines war klar: Das hier war Wildnis. Hier erwartete man Kojoten, Klapperschlangen und andere Wildtiere – und bekam sie auch. Das Land war rau, und Flora und Fauna passten dazu. Doch selbst hier war der menschliche Einfluss auf die Natur unübersehbar, denn Präriehunde sind wie so viele Arten bedroht. Die landwirtschaftliche Umwandlung von Flächen nimmt ihnen ihre Lebensräume, und darüber hinaus werden sie als

Schädlinge von den Farmern vergiftet. Es gibt einfach keinen Ort, an dem der Mensch keine Spuren hinterlässt, sei es im tiefsten Regenwald oder in der dunklen Tiefsee.

Dennoch war die Prärie hier auf 2000 Meter Höhe in den Ausläufern der Sierra Madre echte Wildnis, in der man meilenweit keine Menschenseele antraf und sich in Ermangelung von Handyempfang besser nicht verlief. Diese Landschaft hatte etwas Ursprüngliches, eine wilde Schönheit. Etwas, das ich gut mit »Wildtierforschung« assoziieren konnte.

Die Stadt als Biodiversitätshotspot hatte ich hingegen nicht auf dem Schirm. Sie war für mich immer der Gegenpol zur Natur. Ein artifizieller Ort, kein Lebensraum im eigentlichen Sinne. Wo Menschen alles zubetonieren und selbst wie Sardinen in ihren Büchsen hausen, da war in meiner Vorstellung kein Platz für wildes animalisches Leben. Doch weit gefehlt! Die Stadt ist wie ein Mikrokosmos. Häuser stehen steinern, vom Menschen geschaffene Strukturen und Gebilde, ein von uns nach unseren Bedürfnissen entworfener Raum. Und dazwischen ist überall Natur!

Mehr als 20 000 Tier- und Pflanzenarten soll es zum Beispiel im Großstadtdschungel Berlins geben. In dem bunten Mosaik von Lebensraumtypen wachsen in Wäldern und Parks, auf Friedhöfen und Brachflächen, an Gebäuden und in Asphaltritzen diverse Pflanzenarten, darunter auch solche, die wegen Überdüngung und Herbizideinsatz im ländlichen Raum keine Existenzgrundlage mehr haben. Durch das Pflanzenangebot wiederum gibt es in der Stadt eine große Vielfalt an Insekten, und von den circa 330 laut Bundesamt für Naturschutz in Deutschland vorkommenden Vogelarten sind nirgends so viele verschiedene in einem Gebiet zu finden wie in unseren Großstädten. Allein in der Hauptstadt leben neben fast vier Millionen Menschen auch mehr als zwei Drittel aller überhaupt in Deutschland brütenden Vogelarten. Auch andere Städte müssen sich in Sachen Biodiversität nicht verstecken, Hamburg beherbergt zum Beispiel die gleiche Vielfalt an Vogelarten, und im Stadtgebiet kommen immerhin 54 verschiedene Säugetierarten vor.

Weltweit zieht es nicht nur Insekten und Vögel, sondern auch kleine und große Säugetiere in die Ballungsräume der Menschen. Von Nord- bis Südamerika bekommt man in Dörfern und am Stadtrand immer wieder Pumas zu sehen, denn diese haben im Vergleich zu den meisten größeren Raubtieren, die üblicherweise sehr menschenscheu sind, gelernt, in der Nähe des Menschen zu bestehen. Ein Puma, der sich gar in die chilenische Hauptstadt Santiago vorwagte, löste dann aber doch Unruhe unter den Anwohnern aus, wurde eingefangen und wieder zurück aufs Land gebracht.

Von Barcelona über Paris bis nach Wien breiten sich Wildschweine in städtischen Lebensräumen aus. Ihre Bestände haben wegen der landwirtschaftlichen Monokulturen von energiereichen Pflanzen wie Mais extrem zugenommen, und nach und nach haben sie die Stadt als neues Revier für sich entdeckt.

In Kanada und den Vereinigten Staaten sind Kojoten längst Teil der urbanen Tierwelt. Sie werden dort bereits seit Jahrzehnten erforscht und scheinen sich gut an das städtische Leben angepasst zu haben. Und noch ein weiterer Vertreter der Hundeartigen hat die Stadt für sich erobert: Wer in Israel abends im Stadtpark joggen geht, kann unversehens einem Schakal gegenüberstehen. Mindestens zehn Schakalfamilien sollen allein im größten Stadtpark Tel Avivs, im Hayarkon-Park, leben.

Unter Asientouristen sind wohl auch diese Neu-Städter bekannt: Makaken. Ursprünglich hautsächlich auf dem Gelände von Tempelanlagen geduldet, sind die Affen längst überall anzutreffen. Lopburi in Thailand hat es wegen regelrechter Affenplagen als »Stadt der Affen« sogar bis in die deutschen Medien geschafft, ist aber längst kein Einzelfall.

Im Luftraum über Australiens Städten lassen sich ganz andere Tiere beobachten: Flughunde hängen in den Bäumen der Stadtparks und von Gebäudefassaden. Mit einer Flügelspannweite von bis zu anderthalb Metern sind sie beeindruckende Kreaturen. Und obwohl sie von manchen Menschen gefürchtet werden, sind sie nicht gefährlich, denn sie ernähren sich ausschließlich von Früchten – quasi die Frutarier unter den Vampiren. Im Englischen heißen die schönen Tiere übrigens *flying foxes*. Ein bisschen fuchsartig sehen sie tatsächlich aus, und mit dem *little red flying fox* gibt es sogar einen »kleinen fliegenden Rotfuchs«.

Auch in Deutschland lassen sich allerlei Wildtierarten in unseren Städten blicken. Neben den klassischen Singvogelarten Amsel, Drossel, Fink und Star leben und brüten zahlreiche weitere Vogelarten in der Stadt, darunter auch scheue, seltene und bedrohte Vertreter der Vogelwelt, die man vielleicht nicht unbedingt in einer Stadt erwarten würde. Doch jeder einzelne städtische Vogelbewohner ist ein Eroberer. Auch die für uns so geläufige und vielleicht manchmal als selbstverständlich oder unspektakulär betrachtete Amsel war einst ein scheuer Waldbewohner.

Tierische Bewohner lassen sich in Großstädten genauso finden wie in kleineren Städten überall im Land. Über den Dächern eines Gebäudekomplexes der Osnabrücker Fachhochschule lässt sich des Nachts häufig eine Schleiereule beobachten, dieser wunderschöne Vogel mit dem herzförmigen Gesicht. Im Turm des Osnabrücker Domes, mitten in der Altstadt, wohnte bereits zu meinen Studienzeiten ein Uhu. Der beeindruckende Vogel ist unsere größte Eulenart, wobei das Weibchen deutlich größer ist als das Männchen. Ihre circa zweieinhalb Kilo Körpergewicht manövrieren sie mit einer Flügelspannweite von fast 1,70 Meter völlig lautlos durch die Häuserschluchten. Dass der Uhu und andere Eulen so geräuschlos fliegen und fantastisch navigieren können, liegt daran, dass sie ihre Steuerfedern auf vielfältige Weise justieren können.

Hamburger können mit etwas Glück und Geduld Seeadler in ihrer Stadt entdecken. Gelegentlich lassen sich die mächtigen Greifvögel mit ihren großen Hakenschnäbeln und dem weißen Stoß (Schwanz) im Süden der Hansestadt beim Jagen beobachten.

Ein ganz kleiner und dennoch nicht minder spektakulärer Geselle lässt sich dagegen im Stadtpark von Altenburg in Thüringen entdecken. Neben dem Uhu sieht der Steinkauz mit seinen um die 200 Gramm wie ein echter Zwerg aus, ihn sieht man nicht nur in der Luft oder in Bäumen sitzen, sondern manchmal auch auf dem Boden umherhopsen. Nicht allzu weit entfernt hat sich im thüringischen Jena unter einer Autobahnbrücke der Bundesautobahn A4 eine große Dohlenkolonie häuslich eingerichtet. Die kleinen Rabenvögel mit dem schwarzen Gefieder und den grauen Köpfen fühlen sich in der Stadt häufig wohler als auf dem Land. Wenn Sie auf dem Weg nach Jena nach den Dohlen Ausschau gehalten haben, können Sie auch noch im Paradiespark die auffällige Wasseramsel beim Tauchen in der Saale beobachten, und im Kirchturm von Kunitz hängen knapp tausend Exemplare des Großen Mausohrs, einer einheimischen Fledermausart, von der Decke.

Denn auch Säugetiere haben sich den Luftraum über deutschen Städten erobert. In der Dämmerung können wir sie häufig im Licht der Straßenlaternen sehen, wenn sie auf der Jagd nach Nachtfaltern und anderen Insekten geräuschlos durch die Nacht flattern. Geräuschlos sind sie freilich nur für uns Menschen. Tatsächlich fluten sie die Nacht mit einer Vielzahl an Lauten im Ultraschallbereich, die ihnen unter anderem bei der Ortung ihrer Beute behilflich sind und durch die sich die einzelnen Arten sogar unterscheiden lassen. Auch wenn sie deutlich weniger auffällig sind als die großen Flughunde Australiens, sind die Großen Abendsegler besonders gut für den Laien erkennbar. Es gibt noch eine ganze Reihe von verschiedenen Fledermäusen zu entdecken, von denen es immerhin 25 Arten in Deutschland gibt.

Neben einheimischen Tieren (und Pflanzen) trifft man in Städten aber auch den einen oder anderen exotischen Einwanderer an. Zu diesen tierischen Neubürgern, den sogenannten Neozoen, gehören zum Beispiel Halsbandsittiche. Die kleine grüne Papageienart hatte sich zunächst in Köln ausgebreitet und kommt heute in Mainz, Heidelberg und einigen weiteren Städten des Rhein-Neckar-Raums vor. Dabei stammen Halsbandsittiche ursprünglich aus Afrika und Asien.

Der bekannteste Neubürger in unserer städtischen Tierwelt ist vermutlich der Waschbär. Er kommt aus Nordamerika, wo er ebenfalls in großer Zahl in Städten lebt. Auf seinem Siegeszug durch Deutschland hinterlässt der Waschbär allerlei Verunsicherungen und Probleme, dennoch werden wir uns mit diesem neuen Nachbarn arrangieren müssen, denn er ist gekommen, um zu bleiben. Ausgesucht haben sich die possierlichen grauen Kleinbären mit ihren geringelten Schwänzen und der schwarzen Panzerknacker-Maske ihren Umzug indes nicht. Die Tiere wurden hierzulande ausgesetzt oder aus Pelzfarmen befreit. Der Waschbär wird sich wegen seiner Flexibilität weiter nach Süden und über ganz Europa ausbreiten. In Wien ist er bereits häufiger anzutreffen, und auch die Schweiz hat er inzwischen erreicht.

Ein bisschen wie eine lustige Kreuzung aus unserem Rotfuchs und dem Waschbären kommt der aus Asien stammende Marderhund daher. Der Fuchsverwandte ist jedoch, besonders in Städten, noch nicht so häufig anzutreffen wie der Waschbär.

Und an städtischen Gewässern lässt sich ein weiterer Exot beobachten, der etwas von einer zu groß geratenen

Kreuzung aus Ratte und Meerschwein an sich hat. Die aus Südamerika stammenden Nutria wurden besonders in der DDR zur Pelzzucht gehalten und fühlen sich bei uns ebenfalls pudelwohl.

Mit etwas Geduld und vielleicht einem Fernglas lassen sich viele dieser Arten entdecken. Manchmal helfen lokale Veranstaltungen und Führungen von NABU, BUND und anderen dabei, die Wildnis im eigenen Ort besser kennenzulernen – es lohnt sich!

Die große Landflucht: Warum ziehen Tiere in die Stadt?

Stadtnatur ist kein neues Phänomen, die Fotosammlung des Zoologischen Instituts in Berlin zeigt beispielsweise einen Waldkauz, der 1930 in der Stadt aufgenommen wurde, und auch Berichte über Fuchssichtungen aus dem Berliner Stadtgebiet gibt es bereits seit den 1950er-Jahren. Sicherlich hat sich unser Blick auf die Natur vor unserer Haustür heute in Zeiten von omnipräsenter Klima- und noch viel drastischerer Biodiversitätskrise (dem weltweit voranschreitenden Artensterben) geschärft. Doch tatsächlich nimmt die Besiedlung städtischer Lebensräume in den letzten Jahrzehnten zu.

Städte sind auf den ersten Blick relativ lebensfeindliche Orte für Wildtiere. In Städten wie München oder Leipzig ist etwa ein Drittel bis zur Hälfte aller Flächen versiegelt, also beispielsweise mit Asphalt überzogen.

Außerdem ist es in Städten laut, wahnsinnig laut, wenn man sie mit einem ruhigen Wald vergleicht und über das Gehör eines Wildtieres verfügt. Neben Lärm gibt es ein hohes Maß an Verschmutzung, dazu gehört die Lichtverschmutzung ebenso wie die Verschmutzung von Flächen und Gewässern mit Müll, Abgasen, Abwässern, Giften und Ähnlichem. Für Pflanzen sind städtische Lebensräume wegen anderer Bodenchemie, Luftverschmutzung und reduziertem Sonnenlicht problematische Standorte, und durch die geringe Wasserspeicherkapazität der Böden ist es auch mit dem Wasserhaushalt in der Stadt nicht so einfach.

Und dann wäre da ja auch noch der Mensch, der diese Städte bewohnt. Menschen bedeuten für Wildtiere Stress und Störung. Als natürliche Feinde vieler Arten schränken wir deren Bewegungsfreiheit allein durch unsere Anwesenheit und die damit verbundenen Ängste ein. Wir zerstören Nistplätze und Verstecke durch Bebauung neuer Flächen. Unzählige Tiere fallen dem Straßenverkehr zum Opfer. Millionen von Vögeln sterben außerdem jedes Jahr durch Scheibenanflug an einer der vielen Glasfassaden unserer Städte, und das beliebteste Haustier der Deutschen, die Hauskatze, tötet weitere Millionen. Was also wollen all die Wildtiere an diesem unwirtlichen Ort?

Nun, einige Arten sind gar nicht aktiv in die Städte eingewandert, sie sind »Reliktpopulationen«, und die Städte sind um sie herumgewachsen. Dörfer wurden eingemeindet, Städte vergrößerten sich und schlossen dabei natürliche Habitate, kleine Waldflächen, Tümpel und Teiche, Wiesen oder Felder einfach ein. Dies gilt natürlich besonders für Pflanzen, aber auch für wenig mobile Tierarten, wie beispielsweise den Igel.

Andere Tiere suchen die Stadt gezielt auf, denn der städtische Lebensraum bietet auch Vorteile. Allesfresser finden in der Nähe der Menschen ein Überangebot an Nahrung, und während Arten wie Fuchs, Dachs, Wildschwein oder Waschbär auf dem Land nachgestellt wird, werden sie im Stadtgebiet nicht bejagt. Hier finden sie eine Art sichere Zone, zumindest was die direkte Verfolgung betrifft. Das hohe Nahrungsangebot vermindert auch den Konkurrenzdruck zwischen den Tieren, und so sind Reviere von Fuchs, Waschbär und Co. in Städten häufig kleiner – mit den Grenzen nimmt der Stadtfuchs es eh nicht so genau. Wozu streiten, wenn für alle mehr als genug vorhanden ist?

Die Attraktivität der Stadt als Lebensraum liegt dabei bei Weitem nicht nur an Lebensmitteln, die wir Menschen wegwerfen. Es gibt auch viel diversere Pflanzenarten, Insekten und Mäuse, die wieder anderen weiter oben in der Nahrungskette ein Auskommen ermöglichen. Circa eine Million Kleingärten in Deutschland locken eben nicht nur mit gelegentlichen Grillresten, sondern vor allem mit einer Vielfalt an Pflanzen, Obstbäumen und einer reichen Kleintierfauna.

Die Stadt bietet die unterschiedlichsten Lebensräume: Gewässer, Sumpflandschaften, Stadtwälder, Trockenwiesen, auf Friedhöfen und Brachflächen, an Gebäuden und in unseren Gärten. Je wilder, unaufgeräumter und heterogener die Flächen einer Stadt sind, desto mehr Raum für Leben. In Städten werden weniger Gifte ausgebracht als in der Agrarlandschaft. Sie sind häufig wärmer, und ihre Böden sind nicht so massiv überdüngt wie im landwirtschaftlichen Raum, weshalb wir hier heute mehr Arten als im ländlichen Umland finden.

Dass Städte anscheinend so gut dastehen, liegt aber auch an der katastrophalen Situation auf dem Land. Unsere sogenannten Naturlandschaften sind alles andere als natürliche Flächen. Sie sind geprägt von Forst- und Landwirtschaft, von Monokulturen, Überdüngung und Gifteinsatz. Die Städte bieten den Tieren kleinräumige, heterogene Flächen und Strukturen, wie sie sie einst auf dem Land vorfanden und nun nicht mehr finden können. Die große Zuwanderungswelle in die Stadt ist also kein gemeinschaftlicher Modetrend, sondern eher eine große Flucht. Würden unsere ländlichen Räume alle wie streng geschützte Naturschutzgebiete ohne menschlichen Einfluss behandelt werden, hätten viele Tierarten ein deutlich geringeres Interesse daran, sich ausgerechnet in der Nähe des Menschen einzuquartieren.

Doch da das nicht passieren wird, wird sich die aktuelle Entwicklung vermutlich weiter fortsetzen. Immer mehr Tiere wagen sich in die Stadt, und mit sich verändernden Temperaturen werden auch weitere Exoten dazukommen. Die asiatische Tigermücke ist bereits da, der Goldschakal steht in Wien vor der Tür.

Die Menschheit wächst rasant, genau wie ihr Konsumverhalten. Etwa seit dem ersten Jahrzehnt des 21. Jahrhunderts lebt mehr als die Hälfte aller Menschen in Städten, und weltweit wird immer mehr Land in Nutzfläche umgewandelt. Es gibt Gewinner und Verlierer dieser menschlichen Expansion, denn neben den

Arten, die auf der Flucht sind, sind Generalisten wie der Fuchs und andere Kulturfolger durchaus in der Lage, von der menschlichen Nähe zu profitieren.

Einige Tiere passen sich an die veränderten Umstände und das Leben in der Stadt an, manchmal in geradezu genialer Art und Weise, manchmal eher geringfügig. Nicht alle Anpassungen sind adaptiv und bringen den Tieren einen Vorteil, unbestreitbar verändern sie sich jedoch durch das neue Leben in der Stadt. Singvögel in Städten singen lauter und in höheren Tönen als ihre Artgenossen auf dem Land, um die Geräusche der Stadt zu übertönen. Manche bauen auch menschengemachte Klänge wie Handyklingeln oder Motorgeräusche in ihre Gesänge ein. Während uns die meisten Arten eher fürchten, suchen einige Vögel sogar den menschlichen Trubel. Sie benutzen uns beispielsweise als lebenden Räuberschutz gegen Greifvögel, frei nach dem Motto: Wo viel los ist, sind keine Räuber. Berliner Wildschweine überqueren Berichten zufolge Straßen vor allem an Ampeln, weil sie bemerkt haben, dass die Autos dort anhalten. Und Krähen werfen Nüsse auf die Fahrbahn oder legen sie vor die Reifen haltender Wagen, um sie von den Autos knacken zu lassen. Manche Zugvögel haben das Reisen an den Nagel gehängt, denn durch die höheren Temperaturen in der Stadt gibt es genug Nahrung vor Ort, und so werden aus Zugvögeln Standvögel.

Auch genetische und physiologische Veränderungen lassen sich an Stadttieren beobachten. Weißfußmäuse in New York zeigen an die dreißig Genveränderungen, von denen zwar nicht alle entschlüsselt sind, manche jedoch den Kampf des Körpers gegen Krankheiten und Umweltgifte begünstigen. Eine Mutation zweier Gene, die mit Angstgefühlen assoziiert werden (ein Dopaminrezeptor und ein Serotonintransporter), erleichtert es Schwarzschwänen vermutlich, in der Nähe des Menschen zu siedeln, ohne Dauerstress ausgesetzt zu sein.

Die Evolution in Städten läuft dabei im Zeitraffer ab. Nach nur sechzig Jahren zeigten Dorsche im stark verschmutzten Hudson River in den USA eine Mutation, die sie widerstandsfähiger gegen die im Wasser vorhandenen Umweltgifte machte. Bei Weißklee, der zur Abwehr von allzu gierigen Pflanzenfressern Cyanwasserstoff oder Blausäure produziert, lässt sich mit abnehmender Distanz zum Stadtzentrum Kilometer für Kilometer eine geringere Säureproduktion nachweisen. In nur zwölf Jahren veränderte sich bei Löwenzahnpflanzen in der Stadt die Samenproduktion: Sie produzieren schwerere Samen, die von den kleinen flickenteppichartigen grünen Standorten, auf denen sie wachsen, nicht allzu weit (und damit häufig auf die Asphaltdecke) davongetragen werden, sondern nahe landen und so die Chance auf einen »Grün-Treffer« verbessern.

Auch wenn es manchmal nicht so wirkt, steckt hinter diesen Entwicklungen kein Kalkül. Durch Vorteile, die Neuheiten oder vorhandene Variationen mit sich bringen, setzen sich bestimmte Merkmale im Laufe der Zeit durch – in der Stadt eben manchmal in rasantem Tempo. Deshalb ist sie für Biologen wie ein großes Freilandlabor. Nirgends sonst lässt sich Evolution auf diese Weise und wie im Reagenzglas beobachten.

Ein Ausflug ins wilde Berlin

Die Artenvielfalt in Deutschland ist also nirgends so hoch wie in unseren Städten. Kein Wunder, dass auch Berlin mit seinen circa vierzig Prozent Grünflächen, Ackerland und Wasserflächenanteilen zahlreiche fliegende, kriechende, hüpfende Arten beherbergt. Ein paar dieser tierischen Nachbarn möchte ich Ihnen etwas näher vorstellen.

Der Kormoran – der Dinosaurier unter den Wasservögeln

Der knapp gänsegroße schwarze Vogel, dessen Name aus dem Altfranzösischen stammt und passend zum Look »Meerrabe« bedeutet, ist ein lebendes Fossil, denn es gibt ihn schon seit Urzeiten. Mindestens seit der zweiten Hälfte des 17. Jahrhunderts verfolgte ihn der Mensch als »Fischräuber« und setzte Abschussprämien auf ihn aus. In den 1830er-Jahren sollen sogar Soldaten des Gardejäger-Bataillons aus Potsdam zur Bekämpfung des schwarzen Vogels eingesetzt worden sein. Durch die massive Verfolgung war er um 1920 im mitteleuropäischen Binnenland fast ausgerottet.

Heute haben sich die Bestände erholt, und der Kormoran hat sich zu einem echten Stadtbewohner gemausert. In Berlin sieht man die Vögel an Gewässern im ganzen Stadtgebiet, auch mitten in der Innenstadt. Häufig sitzen sie an und auf dem Wasser auf Pfählen oder Schildern und schlagen mit den Flügeln. Was man für Flugversuche von Jungtieren halten könnte, ist die Trocknungstechnik des Kormorans. Der Urahn vieler Singvögel besitzt nämlich nicht das evolutionäre Upgrade eines Fettgefieders, welches Ente und Co. vor dem Wasser schützt. Nach dem Tauchen nach seiner Beute muss er sich deshalb trocken wedeln. Das mag oldschool wirken, doch es hat sich bewährt – denn immerhin gibt es den faszinierenden Vogel noch heute.

Das Wildkaninchen – das Reproduktionswunder

Ähnlich wie der Fuchs hat sich das Kaninchen über große Teile des Erdballs ausgebreitet. Von Nordafrika aus hat es (auch mithilfe des Menschen) Europa und Australien besiedelt. Das Erfolgskonzept des in Kolonien lebenden Nagers ist dabei seine außerordentlich ausgeprägte Fähigkeit, sich fortzupflanzen. Bis zu sieben Würfe mit fünf bis zehn Jungtieren schaffen Kaninchen in einem

guten Jahr in Berlin – das macht pro Kaninchenweibchen circa 45 bis 70 neue Kaninchen im Jahr!

Vom Feldhasen sind die Tiere neben ihrer Gruppenlebensweise auch optisch gut zu unterscheiden: Sie sind unter anderem deutlich kleiner und haben kürzere Beine und Ohren als der sehr viel seltener in der Stadt anzutreffende Feldhase, dessen bernsteinfarbene Iris mit schwarzer Pupille sich außerdem deutlich von den tiefbraunen Augen des Kaninchens abhebt.

Wer sich bei Dämmerung ins Regierungsviertel der Hauptstadt begibt, dem könnte sich die Frage aufdrängen: Wer regiert Berlin eigentlich wirklich? Zwischen Kanzleramt, Reichstagsgebäude und dem Amtssitz des Bundespräsidenten im Schloss Bellevue wimmelt es nur so von Kaninchen. Ein einziges Gehoppel in der Schaltzentrale der Macht.

Die städtische Lage zusammen mit ihrer effektiven Vermehrung macht die Wildkaninchen gelegentlich auch zum Problem. Nur die Viruserkrankung Myxomatose, auch Kaninchenpest genannt, dezimiert ihre Bestände von Zeit zu Zeit drastisch. Bejagt werden können sie im sensiblen Stadtbereich nur mithilfe von Falknern und Frettierern: Die Greifvögel schnappen sich die Tiere aus der Luft, die Frettchen treiben sie aus ihrem Bau hinaus in die Arme der Jäger – oder die Krallen der wartenden Falken. Ein aufwendiges Unterfangen, um den Scharen Herr zu werden. Doch auch das Kaninchen hat seine Berechtigung in unserer Stadtnatur – und werden es mal zu viele, wohnt zum Glück noch einer im Regierungsviertel, der Kaninchen zum Fressen gernhat: der Fuchs.

Die Nebelkrähe – der Stadtnomade

Vermutlich ist die Krähe mit dem poetischen Namen eine Variante der plötzlich gar nicht mehr so sympathisch klingenden Aaskrähe. Diese gibt es in zwei Farbvarianten: ganz in Schwarz als Rabenkrähe oder eben als Nebelkrähe mit silbrig grauem Rumpf, schwarzen Flügeln und schwarzem Kopf. Falls Sie sich nun wundern, weil Sie diese grau gescheckten Krähen bei sich zu Hause gar nicht kennen, liegt es nicht an mangelnder Beobachtungsgabe Ihrerseits. Vielmehr leben Sie vielleicht im Westen oder Süden des Landes. Denn dort herrscht die Rabenkrähe, während der Nordosten Deutschlands Teil des Nebelkrähenreichs ist. Bis auf eine etwa 70 bis 130 Kilometer breite Übergangszone teilen sich Aaskrähen den gesamten Eurasischen Raum in zwei Weltreiche auf, fein säuberlich separiert. Unterschiedliche Arten sind Raben- und Nebelkrähe wohl nicht, wie genetische Studien zeigen, die Frage ist jedoch bislang nicht abschließend geklärt.

Die hochintelligenten Nebelkrähen, die gerne mal Autos als große Nussknacker benutzen, sind fester Teil des Berliner Stadtbildes. Am Tag sind die Tiere häufig im Stadtzentrum anzutreffen, wo die Allesfresser aufmerksam unsere Aktivitäten verfolgen, um sich an unseren Essensresten zu bedienen. In den zentralen Gebieten, wo viele Menschen leben, ist der Tisch reichlich gedeckt. In Gruppen pendeln sie zur Futtersuche auch ins Berliner Umland. Abends fliegen die Krähen dann zu Tausenden in ihre Schlafgebiete in der Stadt. Am Ufer in meinem Kiez kann man sie in der Dämmerung in Scharen eintreffen sehen. Besonders im Winter scheinen die Baumkronen durch Hunderte Krähen wie mit seltsamen Früchten gespickt. Die große Ankunft wird meist von einem lauten »Kraah«-Konzert begleitet.

Das Wildschwein – der unerwünschte Gärtner

Wildschweine sind auch in Berlin auf dem Vormarsch. Eine Zeitung titelte einmal sehr nett: »Hilfe, mein Nachbar ist ein Schwein«, und spielte damit auf einen Konflikt an, der auch in der Hauptstadt zwischen Wildschweinen und Menschen schwelt. Denn Wildschweine sind keine rücksichtsvollen Zeitgenossen. Wo sie sich aufhalten, hinterlassen sie Spuren. Sie sind Allesfresser und durchwühlen den Boden gerne nach schmackhaften Insekten und Würmern, dabei krempeln sie die Grasnarbe

großflächig und effektiv um. Private Gärten und ganze Parkanlagen können so von einer aktiven Wildschweinrotte in nur einer Nacht vollständig umgestaltet werden. Abhilfe schaffen da nur massive Zäune.

Neben Nahrung im Erdreich zieht es Wildschweine auch wegen Essensresten, die wir Menschen wegwerfen, in die Stadt. Außerdem bedienen sie sich gerne an Fallobst in unseren Gärten und an den Eicheln der Garten- und Straßenbäume. Durch den Klimawandel und das wärmere Stadtinnenklima produzieren die städtischen Eichen deutlich mehr Früchte als früher. Entlang von Straßen wie der bezeichnenden Allee »Unter den Eichen« bewegen sich deshalb die Wildschweine aus den Stadtwäldern in die Wohngebiete. Die klugen Tiere ignorieren die Menschen meist, dennoch sollte man sich ihnen nicht zu sehr nähern und sie schon gar nicht füttern! Antreffen kann man sie in allen Berliner Stadtwäldern, im Grunewald sind sie jedoch durch das hohe Menschenaufkommen weniger scheu und dadurch besonders leicht zu beobachten.

Der Amerikanische Sumpfkrebs – die Plage

In den flachen, vor sich hin dümpelnden Kanälchen des Tiergartens, deren Wasser sich aus Landwehrkanal und Spree speist, lässt sich dieser ungewöhnliche Neuberliner am besten beobachten. Um die zwölf Zentimeter Größe erreichen die Tiere mit der feuerroten Schale und den typischen Scheren. Die ursprünglich im Südosten der USA beheimateten Krebse wurden vermutlich ausgesetzt und vermehrten sich anschließend massiv und verbreiteten sich großflächig über das Netzwerk aus Berliner Seen und Gewässern. Da die Krebse einheimische Arten gefährden können, werden sie von der Stadt aktiv bekämpft. Aale sollen die Bestände dezimieren, kommen allein aber nicht gegen die Massen an. So dachte man in Berlin praktisch und setzte auf die Schmackhaftigkeit der Tiere. Sie werden nun von Berufsfischern zu Tausenden gefangen und landen dann als »Berliner Hummer« in den Berliner Restaurants und auf den Tellern der Gäste.

Warum auch nicht? Sumpfkrebse sind eine beliebte Meeresfrucht und werden weltweit tonnenweise für den Verzehr gezüchtet. Nun gibt es sie eben auch als lokale Delikatesse. Eine Delikatesse, die es hoffentlich eines Tages nicht mehr geben wird, denn Ziel ist es, die Neozoon so wieder loszuwerden. Bis es so weit ist, lassen sich die Tiere aber noch in Mitte oder auch im Britzer Garten gut beobachten.

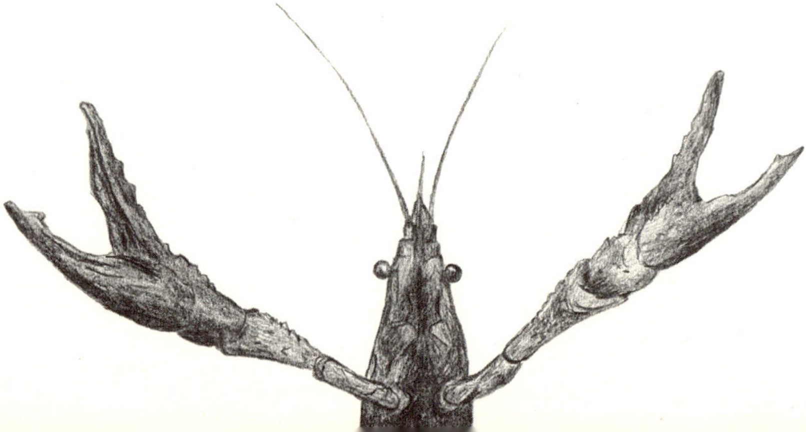

Der Mauersegler – der Überflieger

Ab Juni und Juli können wir am Morgen die Rufe der Mauersegler über der Stadt hören. Sie sind die letzten Zugvögel, die eintreffen, und bleiben nur ganze zwölf Wochen, denn sie kommen ausschließlich zum Brüten in die Stadt. Eigentlich sind Mauersegler Felsenbrüter, doch bei uns nisten sie in Dachstühlen alter Gebäude, in Mauernischen, Jalousiekästen und ähnlichen Hohlräumen oder in eigens für sie angebrachten Nisthilfen. Sobald die Jungtiere flügge sind, steht auch schon die Rückreise an, um den Rest des Jahres im warmen südlichen Afrika zu verbringen.

Mauersegler lassen sich überall in Berlin beobachten, besonders dort, wo es noch alte Gebäude gibt. Sie sind echte Flugakrobaten, die in atemberaubendem Tempo durch kleine Gebäudeöffnungen flitzen. Die guten Flugskills kommen nicht von ungefähr, denn die Vögel verbringen einen großen Teil ihres Lebens in der Luft. Sie jagen, fressen und schlafen sogar im Flug und können Monate am Stück fliegend verbringen. Sieht man sie mal aus der Nähe, zum Beispiel in einem Brutkasten, kann man deutlich erkennen, wie sehr ihre Körper für den Flug gebaut sind. Lange sichelförmige Flügel sitzen an einem pfeilförmigen Körper, der Kopf ist kurz und geht ohne sichtbaren Hals direkt in den Rumpf über.

Auch die Mauersegler gehören zu den Stammberlinern: Die jährliche Ankunft und die markanten Rufe am Berliner Morgen- und Abendhimmel läuten quasi den Hochsommer ein.

Der Biber – der Landschaftsarchitekt

Die ersten Berliner Biber wurden Mitte der 1990er-Jahre gesichtet, inzwischen gibt es über 120 Ansiedlungen in Berlin. Besonders viele Biber leben im südöstlichen Bezirk Treptow-Köpenick, an Müggelsee, Seddinsee, Dämeritzsee und vielen weiteren Gewässern. Aber auch im Norden, in Tegel und selbst im Tiergarten mitten in Berlin oder im Karpfenteich des Schlosses Charlottenburg kann man sie mit etwas Glück beobachten. Meist entdeckt man vor allem die Spuren der Biber, die sie entlang der Uferlinie hinterlassen: Zahnspuren an angenagten Bäumen und kleine bis stattliche gänzlich gefällte Bäume. Häufig ragen reihenweise Baumstümpfe junger Bäume wie angespitzte Buntstifte aus dem Boden.

Zwar können Biber tatsächlich sogar Holz verdauen, in der warmen Jahreszeit ernähren sie sich jedoch von grünen Pflanzenteilen, von Brennnesseln über Löwenzahn

bis zu Wiesenbärenklau. Auch Wurzeln und Knollen stehen auf dem Menü. Während die Evolution der Giraffe einen langen Hals verpasst hat, damit sie an die Blätter der Baumkronen herankommt, greift der Biber, der nicht klettern kann, zu endgültigeren Maßnahmen und fällt die Bäume kurzerhand. Ins Wasser geschleift, kann er dann die leckeren Blätter entspannt vom Wasser aus abzupfen. Die als Biberrutsche bezeichneten Schleifspuren kann man ebenfalls gelegentlich am Ufer entdecken.

Biber verbringen einen Großteil ihres Lebens im Wasser und sind durch ihren dichten Pelz mit bis zu 23 000 Haaren pro Quadratzentimeter Haut ideal vorm Auskühlen im kalten Wasser geschützt (zum Vergleich: mickrige 300 sind es beim Menschen). Da Biber Landschaften großzügig umgestalten, schützt die Stadt Berlin ihre alten Bäume mit Drahtmänteln und übelschmeckenden oder sandigen Anstrichen am Fuße des Stamms.

Die Gottesanbeterin – das unsichtbare Geschöpf

Auf dem einstigen Areal eines Güterbahnhofs, dem Natur-Park Schöneberger Südgelände, tummelt sich eine bunte Vielfalt an Pflanzen-, Insekten- und Vogelarten. Zahlreiche Wildbienenarten fliegen Heckenrose, Habichtskraut oder Wolfsmilch an, und Schmetterlinge flattern über die selten gewor-

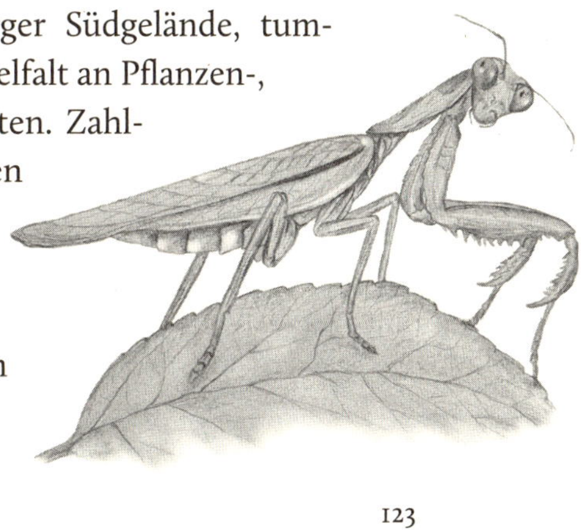

denen Trockenrasen und Brachen. Dazwischen lässt sich mit scharf prüfendem Blick und Geduld eine besonders skurrile Neuberlinerin entdecken: die bis zu sieben Zentimeter lange Europäische Gottesanbeterin mit ihrem dreieckigen Kopf und den großen Augen. Trotz ihrer Größe ist sie fast unsichtbar, denn ihre Tarnung lässt das grün gefärbte Weibchen wie ein Blatt und das kleinere braune Männchen wie ein Aststückchen aussehen. Erschwerend kommt hinzu, dass sich die Gottesanbeterin kaum bewegt. Sie sitzt mit erhobenen Fangarmen ganz starr auf einem Halm oder Zweig und verschmilzt mit ihrer Umgebung. Das Warten und Lauern ist ihre Jagdmethode, und weil die Haltung an zum Beten erhobene Hände erinnert, verdankt sie dieser Jagdtechnik auch ihren Namen. Nähert sich ein Beutetier, schnappt sie im Bruchteil einer Sekunde (genau genommen in fünfzig Millisekunden) zu.

Fangschrecken, zu denen die Gottesanbeterin gehört, leben eigentlich im südlichen Europa, besonders im Mittelmeerraum, und mögen warme Temperaturen. Den Winter überstehen sie nicht, sie sterben mit dem Frost, aber ihre Eier überwintern, und so schlüpfen im nächsten Frühjahr neue Exemplare. Der Tatsache, dass die Weibchen nach der Paarung gelegentlich das Männchen töten, verdanken sie übrigens ihren Ruf als »Femme fatale«.

In Berlin leben so viele verschiedene Lebewesen zusammen, einige davon sicherlich ohne das Wissen um die Existenz der anderen. Die Stadt ist wie ein großer Organismus voll pulsierendem Leben, von der Ameise auf dem Gehweg bis zum Banker, der beinahe auf sie tritt. Wenn man sich mit Stadtökologie beschäftigt, lernt man deshalb nicht nur etwas über Ökosysteme, sondern auch über den Mikrokosmos Stadt. Alles ist miteinander verbunden: Die Wasserbetriebe, die Lebensadern der Stadt, versorgen Millionen von Menschen mit sauberem Trinkwasser und sind mit ihren grünen Betriebsgeländen zugleich echte Wildtieroasen. Die Berliner Stadtreinigung mit ihren »Räumschiffen« und orangenen Mülleimern räumt den Dreck weg, den menschliches Leben produziert, und errichtet mit dem Sammeln unserer Abfälle eine Festtafel für Wildtiere. Gemeinsam mit vielen weiteren Akteuren sind sie Teil meines Projekts und Teil des von Menschen und Tieren gleichermaßen genutzten Netzes, das die Stadt verbindet.

Der Stadtfuchs – der Kosmopolit

Stadtfüchse sind mit uns und mit vielen weiteren Elementen dieses Netzes verwoben. Längst haben sie unseren Müll als Nahrungsquelle erschlossen und erkannt, wo man sich direkt vor der Nase der Menschen vor diesen zurückziehen kann. Ob London, Berlin oder Tokio, die anpassungsfähigen Wildtiere haben sich weltweit zu echten Städtern entwickelt.

Deshalb machen Stadtfüchse auch einiges anders als ihre Artgenossen auf dem Land. Dort graben Füchse zum Beispiel häufiger unterirdische Bausysteme. Das Wohnzimmer des Fuchsbaus, der Hauptkessel, wird üblicherweise über einen Hauptein- und -ausgang betreten. Mehrere weitere Gänge dienen als Ausweich- oder Fluchttunnel. Dass man beim Blick in einen Bau nicht allzu weit gucken kann, liegt nicht nur an der schlechten Beleuchtung, sondern auch daran, dass die Tunnel maximal einen halben Meter nach dem Eingang häufig scharf abbiegen. Im Bau selbst ist es stockdunkel, dennoch finden sich Füchse gut zurecht, und die unterirdischen Behausungen können richtig komplex werden. Besonders beeindruckend wird es, wenn Füchse große, von Dachsen angelegte Baue nutzen und erweitern. Als vor einiger Zeit bei Neuburg an der Donau ein Kalkabbaugebiet erschlossen wurde, nutzten Forscher die Gelegenheit, einen Fuchsbau auszugraben, bevor die Bagger anrückten. So konnten sie einen einzigartigen Blick in das unterirdische Tunnelsystem werfen. Einen Bagger brauchten die Forscher indes ebenfalls, denn das Bausystem, in dem Fuchs und Dachs zusammengelebt hatten, reichte bis in dreieinhalb Meter Tiefe hinab. Zum Vorschein kam ein Gewirr aus bis zu 25 Meter langen Gängen und mehreren Kesseln. Der Bau hatte sechzehn Eingänge und eine Fläche von rund 500 Quadratmetern.

Ihren Bau nutzen Füchse nicht das ganze Jahr über. Meist schlafen sie draußen, versteckt in Hecken oder Nischen. Bei der Paarung jedoch schützt der Bau die Füchse vor äußeren Einflüssen, und besonders wichtig wird er natürlich in der Zeit der Jungenaufzucht.

In der Stadt werden Füchse kreativ, wenn es um die Aufzuchtstätten für ihre Jungtiere geht. Sie nehmen, was sie finden können, und verwandeln es in ein Heim.

Häufig verzichten sie ganz auf einen Bau und bekommen ihre Welpen beispielsweise in Hohlräumen unter Garagen oder Gartenhütten.

Aber auch Stadtfüchse graben gerne in Gärten oder auch auf Baustellen – sehr zum Leidwesen manch menschlicher Stadtbewohner. Vor allem auf Baustellen gibt es durch die Baugruben schöne Hänge mit aufgelockerter Erde, die Füchse für ihre Baue bevorzugen. Auch Bahndämme bieten sehr beliebte Wohnlagen für den Fuchs. Die Erdbaue in Städten sind häufig übersichtlicher als auf dem Land, und die Füchse begnügen sich mit einem Kessel und zwei Ausgängen. Auf Brachen und anderen ungestörten Stadtflächen finden sich auch die großen unterirdischen Bauwerke, die ihre Vettern auf dem Land anlegen.

Um einen kompletten Bau auszugraben, braucht ein Fuchs natürlich ein bisschen Zeit, dennoch buddelt er so schnell, dass er bereits zwanzig Minuten nach Beginn der Bauarbeiten komplett in seinem neuen Gang verschwindet. Manchmal scheinen sich Füchse zudem nicht festlegen zu können, wo genau denn nun der perfekte Grabungsplatz im Garten ist, im Rosenbeet oder doch lieber mittig auf dem Rasen? Diese beiden Umstände können dazu führen, dass Menschen abends mit einem ordentlichen, grünen und fuchsfreien Rasen ins Bett gehen und morgens mit einem scheinbar zerbombten Krisengebiet vor der Haustür aufwachen.

Stadtfüchse verursachen schon das ein oder andere Ärgernis. Seien es die Grabaktionen, unerwünschte Hinterlassenschaften im Garten oder gestohlene Gegenstände. Bedenkt man aber, wie viele Menschen und

Füchse in deutschen Städten auf dichtem Raum zusammenleben, hält sich der Schaden in Grenzen. Viele erfreuen sich an den Füchsen in ihren Gärten, und wenn wir mal ehrlich sind, gibt es Streitereien immer noch deutlich häufiger mit unseren menschlichen Nachbarn …

Dass sich Fuchs und Mensch in der Stadt häufiger über den Weg laufen als auf dem Land, liegt nicht nur am hohen Menschenaufkommen, sondern auch an den deutlich höheren Fuchsdichten in der Stadt. Je nach untersuchter Stadt schwanken die Zahlen, aber man kann sicherlich davon ausgehen, dass die Fuchszahlen im städtischen Raum die auf dem Land um ein Zehnfaches übersteigen. In Berlin leben laut Hochrechnungen circa 4500 Altfüchse. Im Sommerbestand, wenn also die Jungfüchse dazukommen, muss diese Zahl sogar verdoppelt und großzügig aufgerundet werden.

Nicht alle Jungtiere packen es in der toughen städtischen Lebenswelt, viele von ihnen fallen dem Straßenverkehr zum Opfer. Allein in der Pathologie des Landeslabors Berlin-Brandenburg, welches den Gesundheitszustand der Berliner und Brandenburger Füchse im Blick behält, werden jedes Jahr mehrere Hundert überfahrene Füchse eingeliefert. Das Durchschnittsalter dieser Füchse liegt bei gerade einmal anderthalb Jahren. Und das, obwohl Füchse bei guten Bedingungen an die zehn Jahre alt werden können (in Gefangenschaft auch älter). Da es vermutlich besonders viele junge Tiere trifft, spiegelt die Zahl von anderthalb Jahren aber nicht die tatsächliche Altersverteilung der Berliner Füchse wider. Immer wieder hört man Berichte von

Der Rotfuchs ist in weiten Teilen der Welt verbreitet und hat auch unsere Städte besiedelt.

Füchse sind heimliche Wesen. Meist finden wir nur ihre Spuren, wie diesen Kothaufen, der voller Kirschkerne steckt, oder diese Fährte, die symbolträchtig durch eine Autospur läuft. Gelegentlich beobachten sie uns jedoch auch ganz unverhohlen.

Ein Mausssprung in den Schnee führte
zu dieser lustigen Aufnahme.

Füchse sind die einzigen Hunde, die klettern können, wie dieser Fuchs in einer Kiefer beweist.

Auch über Dächer und Zäune bewegen sie sich grazil und leichtfüßig.

Der Moment, in dem man Füchse am häufigsten in flagranti erwischt: das Hängen

Zuneigung und Spiel sind Dinge, die man auch unter erwachsenen Füchsen beobachten kann.

Diese Welpen fressen auch schon feste Nahrung, auf die Milch ihrer Mutter wollen sie dennoch noch nicht verzichten.

Beim Toben erproben die Fuchswelpen spielerisch Verhaltensweisen fürs spätere Leben.

Ein gut versteckter Fuchsbau

Dieser erst auf den zweiten Blick erkennbare Fuchs ist gerade dabei einen neuen Bau anzulegen.

In der Stadt nutzen Füchse oft bereits vorhandene Möglichkeiten für ihren Bau.

Das Fell des Fuchses ist bei näherem Hinsehen fein gemustert.

»Rot«füchse gibt es in verschiedenen Farben, wie hier mit silbrig schwarzem Fell.

Zuchtexperimente zur Zahmheit von Füchsen

Ein Fuchs, der Öffis »fährt«, ging durch die Medien.

Der Bücherfuchs bei seinem Besuch im Buchladen

Auch im Internet ist der Fuchs »aktiv«, es gibt zahlreiche ihm gewidmete Social-Media-Posts.

Ein Welpe auf seiner Pflegestelle

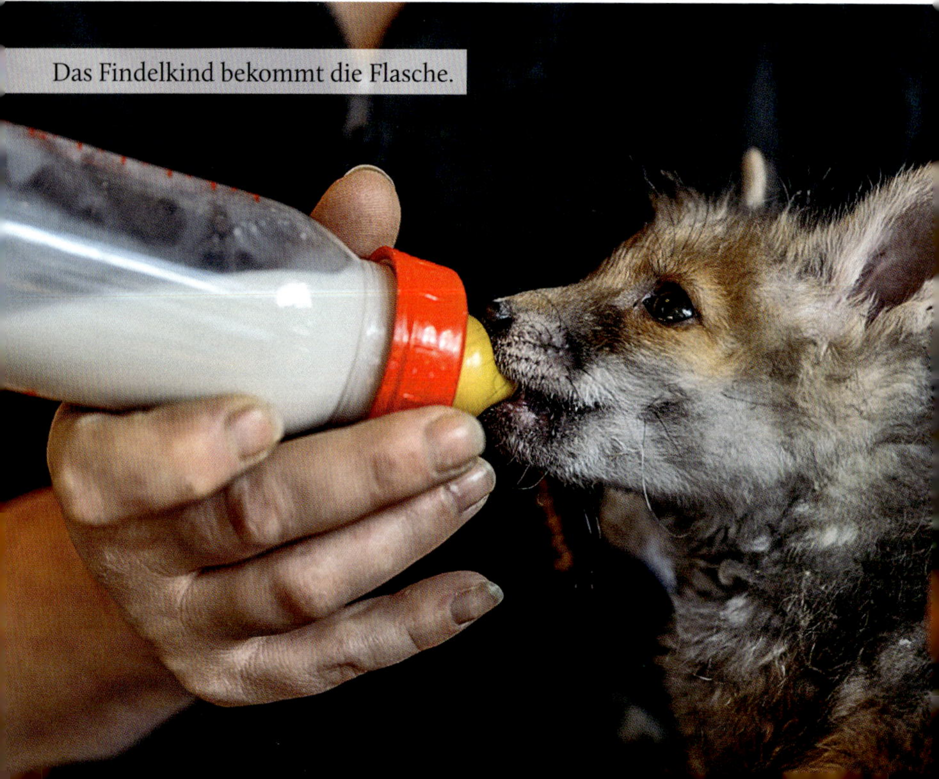

Das Findelkind bekommt die Flasche.

Beködern und Scharfstellen der Fuchsfalle und Aktivierung des Fangalarms

Füchse an den Fallen. Jedes Tier reagiert anders auf das unbekannte Objekt in seinem Lebensraum.

Auch andere Wildtiere interessieren sich für den Köder und landen gelegentlich in den Fallen.

Nach dem Fang geht es zunächst zum Wiegen in den Abfangkorb.

Unter Narkose wird der kleine Halsbandsender angebracht.

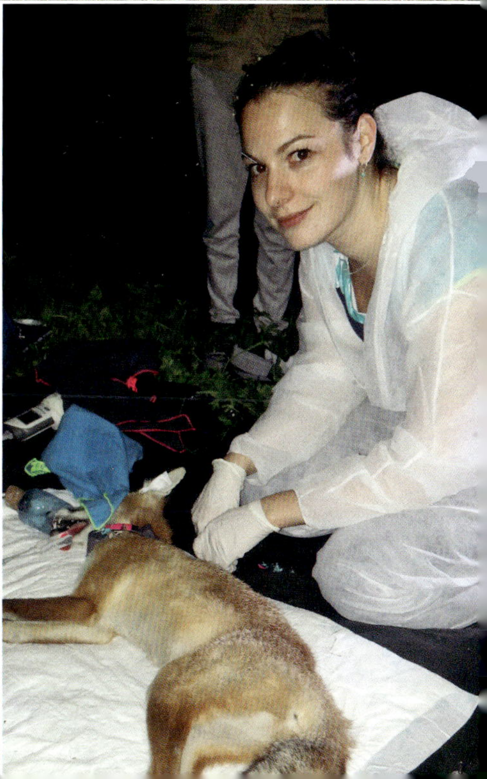

Vorbereitung der einzigen Indoor-Besenderung des Projekts mit Tierärztin Janina

Neben dem Besendern gehören auch das Telemetrieren und Datenauslesen zur Feldarbeit.

Und auch so kann die Arbeit einer Biologin aussehen, zum Beispiel beim Drehen einer Dokumentation.

Projektfuchs Portos auf seinen Wegen durch die Stadt

GPS-Punkte von Hazel zwischen Autos, Gleisen und Beton. In ihrem Revier gibt es wenig Natur.

Die Rückzugsorte der Berliner Stadtfüchse können sehr unterschiedlich aussehen, wie diese Baustelle …

… und diese Brachfläche.

Füchsen, die an Ampeln auf die Grünphase warten. Ob die schlauen Tiere dieses Prinzip tatsächlich verstanden haben, bleibt offen. Sicherlich gibt es jedoch Tiere, die gelernt haben, den Verkehr besser einzuschätzen, und so findet man auch alte Hasen unter den Füchsen.

Was Stadtfüchse auch bis zu einem gewissen Grad gelernt haben, ist, dass von Menschen meist keine unmittelbare Gefahr ausgeht. Die Städter jagen die Füchse nicht, stattdessen scheinen sie eher wandelnde Futterspender zu sein. Die Fluchtdistanzen der Stadtfüchse haben sich gegenüber denen ihrer ländlichen Artgenossen entsprechend deutlich reduziert, das heißt, sie lassen Menschen viel näher an sich herankommen, bevor sie fliehen.

Sehr zutrauliche und sogar aufdringliche Tiere, die Menschen anbetteln oder durch offene Terrassentüren ins Wohnzimmer kommen, sind oft angefüttert worden. Immer wieder geben Menschen Füchsen Futter aus falsch verstandener Tierliebe oder dem Wunsch heraus, die Tiere anzulocken. Was zunächst gut funktioniert – Füchse merken schnell, wo es etwas zu holen gibt –, endet häufig nicht gut für die Füchse. Verlieren sie ihre natürliche Scheu gänzlich und entwickeln problematische Verhaltensweisen, steht am Ende der Stadtjäger vor der Tür und muss das Fehlverhalten der Fütternden ausbügeln. Zum Nachteil des Fuchses.

Aber nicht jeder zutrauliche Fuchs ist angefüttert. Tiere, die zwar nicht betteln und die Nähe der Menschen nicht aktiv suchen, sich aber dennoch kein bisschen an ihnen zu stören scheinen, gibt es überall. Besonders Füchse in sehr zentralen Stadtgebieten zeigen teils sehr wenig Scheu. Für diese echten Stadtfüchse sind Menschen normaler Bestandteil ihrer Lebenswirklichkeit, sie sehen sie jeden Tag auf ihren Streifzügen oder direkt vor ihrer »Haustür«. Füchse, die am helllichten Tage auf Bordsteinen flanieren, im Park zwischen grillenden und sonnenbadenden Städtern auf der Wiese liegen oder in U-Bahn-Stationen auftauchen, sind keine Seltenheit. Solche Bilder sind eindrücklich, und es kommt schnell der Eindruck auf, Stadtfüchse seien allesamt recht abgebrühte Zeitgenossen.

Die große Mehrheit der Füchse lebt jedoch wohl eher heimlich und zurückgezogen. Sie nutzen die Stadt bevorzugt, wenn wir schlafen. Sobald die Menschen abends ins Bett fallen, ziehen die Füchse los, sie gehen auf Beutezug und patrouillieren durch ihr Revier. Wenn morgens wieder die ersten Busse und Straßenbahnen anrollen und sich die Menschen auf den Weg zur Arbeit machen, gehen die Füchse schlafen.

Als Rückzugsorte, Schlafplätze oder gar für die Jungenaufzucht bevorzugen Füchse außerdem Flächen, die uns Menschen nicht zugänglich sind. Auch der Fuchs hat daher durch die Wohnungsnot in unseren Städten zu kämpfen. Durch Nachverdichtung und Sanierung verschwinden alte Gebäude, Freiflächen und Industriebrachen. Gerade die sind wegen ihrer geringen Menschendichte aber sehr beliebt bei den Füchsen. Dabei sind sie anscheinend gut darin, uns Menschen und unsere Abläufe genau zu beobachten. So kommt es, dass manche Füchsin ihre Jungen direkt auf einem Friedhof oder gar mitten auf einem Schulgelände großzieht. In einer Schule herrscht zwar eine Menge Trubel, und von einem stillen Rückzugsort kann hier garantiert nicht die Rede sein. Im Gegensatz zum Menschenaufkommen an vielen anderen Orten ist dieser Trubel jedoch berechenbar. Er folgt einer festen Taktung, vom Schulbeginn bis zum letzten Klingeln. Danach kehrt Ruhe ein. Füchse wissen das und machen es sich zunutze.

Die Fähigkeit, uns Menschen zu beobachten und einzuschätzen, zeigt zum einen sicherlich, wie schlau die Tiere sind, zum anderen aber auch, dass wir Menschen doch eher unbeliebte Nachbarn sind. Eine gewisse Restfurcht vor dem Menschen ist dem Fuchs nach jahrhundertelanger Verfolgung verständlicherweise geblieben, die Angst vor seinem Hauptfeind scheint ihm in Mark und Bein übergegangen zu sein.

Ihr Bestreben, uns tendenziell aus dem Weg zu gehen, lässt sich auch anhand der verschiedenen Tagesgewohnheiten der Füchse beobachten. In Bereichen des Stadtgebiets, in denen sie vom Menschen ungestört leben können, sind Füchse teilweise tagsüber genauso aktiv wie nachts. Anstatt den Tag in sicheren Verstecken abzuwarten, sind sie rund um die Uhr unterwegs und legen zwischendurch immer wieder kleine Schlafpausen ein.

So unbeliebt wir selbst bei den Stadtfüchsen vielleicht sind, so begehrt sind unsere Hinterlassenschaften. Im Mittel setzt sich die Nahrung der Berliner Stadtfüchse zu mehr als der Hälfte aus menschengemachten Speisen zusammen. Aus Müll ebenso wie aus Hunde- und Katzenfutter. Dennoch fressen die Stadtfüchse ebenso weiter Mäuse und im Gegensatz zu ihren Artgenossen auf dem Land auch vermehrt Ratten. Je nach Kiezangebot und individuellen Vorlieben unterscheidet sich der Speiseplan der einzelnen Füchse. Einige Tiere ernähren sich gänzlich von natürlichen Quellen, andere haben sich vom Jäger zum Sammler entwickelt und sind regelrecht auf Abfälle spezialisiert.

Hätten die Füchse die Wahl, würden sie die Stadt wahrscheinlich lieber ohne den Menschen darin bewohnen, solange das Essen dableibt und zuverlässig verteilt wird. Auch wenn das ein wenig schmeichelhafter Gedanke ist, kann ich es ihnen doch nicht verdenken. Wenn wir sie lange Zeit nicht mehr verfolgt haben, werden sie vielleicht eines Tages wirklich entspannt in unserer Nähe leben. Wünschen würde ich es ihnen. Ein bisschen Abstand tut sicherlich beiden Seiten gut. Sie beobachten und uns an ihnen erfreuen dürfen wir aber natürlich.

Besonders gut gelingt das bei den abgebrühten unter ihnen, die sich vor unser aller Augen behaupten. Zum Beispiel im Berliner Regierungsviertel, wo Füchse direkt neben Cafébesuchern ihre Jungtiere großziehen, auf Bordsteinen flanieren und an kühlen Abenden auf den Bodenlichtern der Grünanlagen liegen. Dort wärmen sie sich den Pelz und knipsen so pünktlich zu unserer Schlafenszeit gleichzeitig das Licht aus.

FOX FUN FACT

Schnüren

Füchse hinterlassen, je nachdem, wie sie sich fortbewegen, unterschiedliche Spuren. Besonders auffällig ist das Spurenbild, das sich ergibt, wenn sie sich in schnellem Trab vorwärtsbewegen. Der Fuchs setzt dabei die Pfoten so, dass die linke Hinterpfote in den Abdruck der rechten Vorderpfote tritt und umgekehrt. So entsteht eine Reihe einzelner Abdrücke, die wie an einer Schnur aufgereiht sind. Diesen Trab des Fuchses nennt man deshalb auch »schnüren«. Wenn ich diese Spuren im Schnee entdecke, stelle ich mir immer einen Fuchs vor, der auf einem Bein hüpft ...

Dem Fuchs auf der Spur

Wie können wir uns dem Fuchs nähern? Wie können wir ihn und sein Verhalten studieren? Meine Forschung widmet sich vor allem der Frage, wie die Stadtfüchse mit dem Leben in der Stadt zurechtkommen. Natürlich sehen wir, dass die Füchse hier sind, dass sie es geschafft haben, sich überall in den Städten ihre Nischen zu suchen. Auf den ersten Blick scheint ein typischer Stadtfuchs gut genährt und nicht unzufrieden mit seiner Wohnsituation. Warum auch, schließlich sind Füchse flexibel und erfolgreich.

Was wir nicht sehen können, ist, welchen Preis die Füchse für dieses Leben möglicherweise zahlen und welche Grenzen ihre Anpassungsfähigkeit hat. Wenn wir all die toten Füchse an den Straßenrändern liegen sehen, bekommen wir vielleicht eine leise Idee davon, welche Schattenseiten das städtische Leben für den einstigen Wald- und Wiesenbewohner haben kann. Was es sonst mit den Füchsen macht – im Guten wie im Schlechten –, wissen wir nicht.

Letztlich wissen wir so wenig über das Leben unserer wilden Nachbarn. Manchmal kommt es mir so vor, als würde unser ganzes Bild vom Fuchs und all unser gesammeltes Wissen über ihn uns nicht mehr erkennen lassen als der kurze Blick auf den roten Schatten, den wir im Dämmerlicht eines abendlichen Spaziergangs vorbeihuschen sehen. Als könnten wir nicht weiter vordringen als bis zu diesem Punkt, an dem wir den Fuchs beschrieben, vermessen und studiert haben und an dem wir trotzdem nur ansatzweise erahnen können, wie seine Lebenswirklichkeit aussieht.

Die Frage danach, wie der Fuchs in der Stadt lebt und was dieses Leben mit ihm macht, begleitet mich durch die verschiedenen Bereiche meiner Forschung, wohl wissend, dass auch ich nur einzelne Puzzleteile zusammentragen kann und wir das Gesamtbild möglicherweise niemals erkennen werden.

Fuchsforschung hat sich seit den Tagen von Tembrock und Co. verändert, und so kann ich mich dem Fuchs nähern, ohne ihn einzusperren. Ohne ihn der Wildnis zu entnehmen und in ein Reagenzglas zu setzen, mit dem ich ihn unters Licht halten, ihn drehen und wenden, aber dennoch nie seine Wildheit erfassen kann.

Manches lerne ich auch von den Füchsen, die ihr Leben bereits gelassen haben. Die überwältigende Mehrheit von ihnen fällt dem Straßenverkehr zum Opfer, einige stammen aus Jagdstrecken in Brandenburg. Als Teil des staatlichen Tollwut-Monitorings und weiterer Aufgaben des Landeslabors landen sie auf den Seziertischen der Pathologen. Mithilfe von Mageninhaltsproben können wir die Nahrung der Füchse untersuchen, und einige Muskelzellen ermöglichen uns populations- und landschaftsgenetische Untersuchungen.

Diese genetischen Untersuchungen sind die Grundlage für die erste Erkenntnis: Füchse werden durchaus von der Präsenz der Menschen eingeschränkt. Wir fanden heraus, dass die Berliner und die Brandenburger Füchse zwei getrennte Populationen bilden und der Austausch zwischen diesen beiden Gruppen begrenzt ist: Betrachtet man die genetische Struktur, die verwandtschaftlichen Beziehungen, die alle Füchse und letztlich alle Lebewesen auf diesem Planeten in einem großen komplexen Netz miteinander verknüpft, kann man einiges über die Tiere erfahren. Aus den genetischen Veränderungen innerhalb dieses Netzes im Verhältnis zu den geografischen Entfernungen der Proben können wir erkennen, welche Wege die jungen Füchse zum Ende eines Jahres nahmen, wenn sie erwachsen wurden und auf der Suche nach einem eigenen Revier abwanderten. Wie ein Netzwerk aus Fuchsstraßen lässt sich der Genfluss übers Land und durch das Mosaik der Stadt darstellen. Wir können sehen, wohin Generationen von Füchsen sich bewegten und wo Wasserstraßen, Häuser oder der Mensch ihnen Barrieren aufzeigten. Wir sehen, was sie verband und was sie trennte.

Eine weitere Erkenntnis aus dieser Studie ist die Tatsache, dass besonders die Stadtfüchse Autobahnen, S-Bahn-Trassen und andere Verkehrsachsen nutzen, um sich durch die Stadt zu bewegen. Echte Städter, könnte man sagen, die keine Angst vor unseren künstlich geschaffenen Strukturen haben. Sie bewegen sich über Generationen hinweg durch das gesamte Stadtgebiet und stehen in genetischem Austausch miteinander.

Gleichzeitig stellt die Stadtgrenze die stärkste Barriere für den Austausch zwischen Füchsen innerhalb und außerhalb Berlins dar. Deshalb sind die Stadtfüchse genetisch von ihren Artgenossen auf dem Land zu unterscheiden und bilden eine eigene Fuchspopulation, eine Art urbane Insel. Das kann nicht allein an Landschaftsstrukturen wie Bebauung und Flüssen liegen, sondern spricht dafür, dass die Füchse des Berliner Umlandes die Stadt meiden. Vielleicht sitzt die Angst dort, wo der Fuchs noch immer bejagt wird, tiefer, und die Stadtfüchse haben genau das Quäntchen Mut und Abgeklärtheit, das ihren Artgenossen fehlt, um sich unter uns merkwürdige und gefährliche Kreaturen zu wagen.

Doch die starke Nutzung unserer Straßen und Bahntrassen als Korridore durch den Großstadtdschungel kostet die Füchse immer wieder ihr Leben. Würden sie durch die kleineren Straßen der Wohngebiete wandern, durch Parks und Grünanlagen oder auf Bordsteinen, könnte das viele Fuchsleben retten. Doch dort sind Fußgänger, Radfahrer und Jogger, und deren Anwesenheit scheint für die Füchse Grund genug zu sein, sich für die menschenfreien Großstraßen, Autobahnen und Bahntrassen zu entscheiden und das damit verbundene Risiko einzugehen. Möglicherweise führt die Furcht vor uns Menschen also zu einer folgenschweren Fehleinschätzung des Fuchses und zeigt uns eine Grenze seiner Flexibilität auf. Freilich meiden uns, wie beschrieben, nicht alle Füchse, aber es sind genug, damit ihre Spuren im Fluss der Gene Muster hinterlassen, die wir sehen.

Was wir durch die Genetik erfahren, sind die Spuren vieler Generationen von Füchsen und ihrer verwandtschaftlichen Beziehung zueinander. Das Leben eines einzelnen Fuchses im Hier und Jetzt bleibt jedoch weiterhin im Verborgenen. Was können wir also tun, um einen Einblick zu erhaschen, wie das geheime Leben der Füchse in unserer direkten Nähe aussieht?

Wir stehen vor dem alten »Black Box Problem«, dem Problem, durch unsere bloße Beobachtung das zu verändern, was wir in seiner ursprünglichen Form beobachten wollen. Öffnen wir die Box und schauen hinein, verändern wir möglicherweise das System und werden nie erfahren, wie die Wirklichkeit innerhalb der Box aussah, bevor wir den Deckel gelüftet haben.

Wollen wir das Alltagsverhalten wilder Füchse also erforschen, können wir sie nicht in Gefangenschaft beobachten. Wie sollten wir wissen, ob das, was wir beobachten, natürlich ist oder nur Ausdruck der unnatürlichen Umgebung und Produkt der aktuellen Lebenswirklichkeit?

Um zu verstehen, wie sich Füchse durch die Stadt bewegen und diesen Lebensraum nutzen, während sie sich frei und unbeobachtet fühlen, dürfen wir uns aber auch nicht ständig an ihre Fersen heften. Die Anwesenheit eines Beobachters beeinflusst das Verhalten von Tieren bekanntermaßen. Wildtiere betrachten uns häufig als Feinde, entsprechend verhalten sie sich anders, wenn sie sich unserer Gegenwart bewusst sind. Sie unterbrechen ihre ursprünglichen Aktivitäten, machen sich kampf- oder fluchtbereit. Und es wäre wohl vermessen, zu glauben, wir könnten wilde Füchse längerfristig beobachten, ohne dass sie uns bemerken ...

Abgesehen davon könnte selbst ein hoch motivierter Beobachter, der täglich nichts anderes macht, als Füchsen kreuz und quer durch die Stadt zu folgen, immer nur einen Blick auf einen Bruchteil eines Fuchslebens erhaschen. Füchse leben heimlich, sie schlüpfen verstohlen durch dichte Hecken und winzige Löcher in Zäunen und verschwinden so vor unseren Augen. Ganze zwölf Zentimeter Lücke braucht ein Fuchs, um seinen Kopf mitsamt Körper in Windeseile hindurchzumanövrieren. Wer jemals einem Fuchstrampelpfad bis zu einer massiven, wehrhaften Dornenhecke gefolgt ist und dort den kleinen, runden, wie mit der Elektroheckenschere ins dichte Grün gefrästen Tunnel darin verschwinden sah, der weiß eines mit Sicherheit: Wir Menschen könnten einem Fuchs nur sehr bedingt folgen.

Wenn wir also die Bewegungsmuster und das Alltagsleben von Füchsen erforschen wollen, ohne sie rund um die Uhr mit einem Klemmbrett verfolgen und stören zu müssen, dabei ständig Haus- oder Landfriedensbruch zu begehen und uns allerlei Blessuren zu holen, müssen wir auf technische Unterstützung zurückgreifen. Hierfür kommen neben Wildtierkameras zur direkten Beobachtung der Tiere an bestimmten Orten unter anderem verschiedenste Formen von »Remote Tracking«-Geräten zum Einsatz.

Bereits Macdonald und seine Kollegen arbeiteten mit Halsbandsendern an Füchsen. Damals konnten sie jedoch nur einzelne Aufenthaltsorte der besenderten Tiere erhalten, wenn sie mit ihren Antennen in Reichweite der Halsbänder unterwegs waren und deren Position mithilfe von Kreuzpeilungen orteten und notierten. Heute haben wir ganz andere technische Möglichkeiten, mit denen sich die Bewegungen vom Wal bis zum Zaunkönig aus der Distanz erforschen lassen. Daraus ist eine neue Disziplin, die Bewegungsökologie (oder Movement Ecology), erwachsen.

GPS-Halsbandsender ermöglichen es uns, Füchse über Monate hinweg zu begleiten und ihnen in ihrem alltäglichen Leben quasi über die Schulter zu schauen, ohne sie in ihren Freiheiten allzu sehr einzuschränken. Mithilfe solcher GPS-Sender kann auch ich über die persönlichen Begegnungen und die Fotos und Videos von Wildkameras hinaus in die Welt »meiner« Füchse eintauchen.

Im Feld

So einen GPS-Halsbandsender für Füchse kann man sich ähnlich wie ein Hundehalsband vorstellen. An einem breiten Kunststoffband sitzen eine Batterie und gegenüber die Messeinheit, die die Positionen des Fuchses mithilfe von Satelliten bestimmt und anschließend speichert. Um diese Daten zu erhalten, muss ich mich, zumindest für kurze Zeit, an die Fersen der Füchse heften, denn die gespeicherten Positionen werden mit einem Auslesegerät auf kurze Distanz heruntergeladen.

Doch wie kriegt man diesen Sender an den Fuchs? Dafür müssen die Füchse gefangen und besendert werden, um dann anschließend an Ort und Stelle wieder freigelassen zu werden und ihrer Wege zu gehen. Eine dünne Sollbruchstelle am Halsband stellt sicher, dass der Sender nicht dauerhaft am Fuchs bleibt, sondern irgendwann reißt und abfällt.

Natürlich sind auch der Fuchsfang und das Tragen eines Senderhalsbandes ein Eingriff in das Leben des Tieres. Aus diesem Grund darf auch eine Biologin wie ich nicht einfach losziehen und Füchse fangen. Vorher muss man einen ausführlichen Tierversuchsantrag stellen, der den wissenschaftlichen Nutzen, den Erkenntniswert und den möglichen Nutzen für die Art selbst in Relation zum Eingriff in das Leben der Tiere setzen muss. Über diesen Antrag entscheidet dann eine Kommission, die auch klare Auflagen für die Umsetzung macht.

Im Falle unserer Füchse wurde der Eingriff als gering bewertet und das Vorhaben genehmigt. Im Gegensatz zu manch anderem Tierversuch im Sinne der Forschung (egal ob nun notwendig oder vermeidbar) sollte den Tieren kein Leid zugefügt werden.

Tatsächlich habe ich einige Briefe von Menschen erhalten, die sich Sorgen machten, die Füchse könnten mit den Halsbändern hängen bleiben und sich verletzen. Ich kann Sie aber beruhigen: Andere Forscher vor mir haben bereits zahlreiche Füchse besendert, und weder einer meiner Projektfüchse noch sonst ein Fuchs in fünfzig Jahren Fuchsforschung hat sich, meines Wissens nach, je durch den Sender verletzt. Wenn ich an unsere Haushunde denke, die mit Halsband gelegentlich in einem Affenzahn durch das dichteste Gestrüpp hetzen, ist es wohl ein Segen, dass bei Hund, Fuchs und Co. der Schädel so viel breiter ist als der Hals. Bei Wildschwein oder Dachs ist die Anatomie da schon weniger praktisch und sorgt gelegentlich für Schwierigkeiten mit dem Sender.

Ich stehe jetzt aber immer noch vor dem Problem: Wie und wo fange ich einen Fuchs? Beim Wie entschieden wir uns für Kastenfallen. Sie funktionieren ganz simpel: In der Mitte der Falle wird ein Köder positioniert. Berührt der Fuchs beim Versuch, sich diesen Köder zu angeln, den Abzugsmechanismus der Falle, fallen deren Türen beidseitig zu, und der Fuchs sitzt fest.

Allerdings sind Fuchsfallen nicht artspezifisch. Für andere Arten gibt es ausgeklügelte Konstruktionen, die sicherstellen, dass auch wirklich nur das gewünschte Tier gefangen wird. Bei der Waschbärfalle zum Beispiel befindet sich in der Falle eine zusätzliche kleine Kiste, in welcher Köder und Auslöser verborgen sind – eine Art Fallen-Matroschka, die nur vom Waschbären geöffnet werden kann. Dieser greift mit seinem Arm in die kleine Box, um nach dem Köder zu tasten, berührt den Auslöser, und die Falle fällt zu. Andere Tiere können den Köder nicht erreichen und so zwar die Falle besuchen, sie jedoch nicht auslösen.

Fuchsfallen dagegen sind lange Kästen mit einem Auslöser im Inneren. Meist ist dies ein kleiner Stolperfaden oder eine Art Wippbrett aus Holz. Genau in der Mitte der Falle lässt sich eine Klappe im Holz öffnen, um hineinzusehen. Darunter befindet sich ein Gitter, schiebt man es zur Seite, lässt sich der Abzugsfaden spannen oder der Köder in die Falle legen. Entsteht Zug auf den Faden, oder kippt die Wippe um, schließen sich die mit dem Abzug verbundenen Türen. Meine Fuchsfallen sind also so artspezifisch, wie eine Holzkiste mit dreißig mal dreißig Zentimetern Durchmesser eben sein kann. Das heißt im Klartext: Mit Fuchsfallen fängt man jeden und alles, was Hunger hat, durch eine Öffnung mit dreißig Zentimetern Durchmesser passt und grundsätzlich motiviert ist, sich in eine Kiste zu wagen …

Fallenfang an sich ist eine lang etablierte Methode, aber auch hier hat der Fortschritt Einzug gehalten. So werden unsere Fallen nicht wie früher üblich alle 24 Stunden kontrolliert, wodurch ein Fuchs, der fünf Minuten nach einer Kontrolle gefangen worden wäre, einer langen Wartezeit ausgesetzt wäre. Stattdessen überwacht ein kleiner elektronischer Fallenmelder die Fallen. Der besteht aus einem kleinen Magneten an der Falltür und einem Sensor, der registriert, wenn der Magnet aus seiner Reichweite entfernt wird – und so das Zufallen der Klappen bemerkt. Löst also irgendwo in Berlin nachts um zwei ein Tier den Fallenmechanismus aus, bekomme ich einen Alarm auf mein Handy und kann, nachdem ich aus dem Bett gekrochen bin und mich angezogen habe, umgehend zur Falle fahren.

Tatsächlich ist es aber zunächst gar nicht so einfach, geeignete Orte für eine Fuchsfalle zu finden. Die Füchse sind dabei nicht das Problem, denn Füchse gibt es in Berlin wie gesagt überall. Die Schwierigkeit besteht eher darin, Orte zu finden, an denen die Fallen sicher stehen – also für den Fuchs gut zugänglich sind, für Menschen aber nicht. Wenn man in einer Großstadt einen beliebigen Gegenstand nur lange genug in den öffentlichen Raum stellt, kann man sicher sein, dass er irgendwann gestohlen oder beschädigt wird. Das scheint so etwas wie ein Naturgesetz zu sein. Abgesehen davon, dass wir natürlich ungern unsere Ausrüstung verlieren wollen, gilt meine größte Sorge aber dem Fuchs selbst: Was, wenn ein Fuchs in einer Falle entdeckt würde, bevor ich da wäre? Was, wenn dem Fuchs aus Leichtsinn und Unwissenheit oder sogar aus Boshaftigkeit oder Hass ein Leid geschähe?

Entsprechend mache ich mich daran, Flächen im Stadtgebiet zu suchen, die nur eingeschränkt zugänglich sind. Gleichzeitig muss ich aber die Möglichkeit haben, die Fläche selbst jederzeit zu betreten, schließlich sollen die Füchse im Falle eines Fangs nicht auf irgendeine Öffnungszeit warten müssen.

Ich finde diese Flächen auf Betriebsgeländen von Unternehmen mit naturbegeisterten und neugierigen Mitarbeiterinnen und Mitarbeitern: auf Wirtschaftshöfen von Friedhöfen, im Botanischen Garten, auf Geländen von Berliner Stadtreinigung und Wasserbetrieben und bei vielen weiteren Menschen, die sich für unsere heimische Natur im Allgemeinen und »ihren« Fuchs im Besonderen interessieren.

Im Laufe der Zeit ergeben sich so immer mehr Standorte für meine Fuchsfallen, und so bin ich bereit, mich von Steglitz bis Tegel, von Köpenick bis Marzahn überall in Berlin Füchsen an die Fersen zu heften. Selbst im Garten des Bundespräsidenten, im Schloss Bellevue, steht eine meiner Fallen. Doch um einen Fuchs zu fangen, braucht man nicht nur eine Falle. Man braucht auch eine Menge Geduld.

Woche für Woche fahre ich am Montagmorgen los, um eine Falle nach der anderen zu beködern und sie gegebenenfalls für einen Fangeinsatz vorzubereiten. Ich säubere sie von altem Köder und bringe neuen aus. Sollte die Falle in dieser Woche genutzt werden, bereite ich zudem den Abzugsmechanismus der Falle vor, aktiviere den elektronischen Fallenmelder und stelle die Falle »scharf«.

Freitags geht die Tour dann von vorne los, wieder um neuen Köder auszulegen und die Fallen interessant zu halten und um aktive Fallen zu entschärfen. In den inaktiven Phasen sind die Fallen geöffnet und beködert, der Auslöser ist jedoch nicht aktiviert, die Fallen sind nicht »fängisch«. Ich selbst hätte sie vermutlich durchgängig aktiv gehalten, denn ich muss mit dem Projekt vorankommen, das Fangen ist aufregend, und ich bin so neugierig auf den ersten Fuchs und noch mehr auf seine Wege durch die Stadt.

Aber unsere Tierärztin Janina, die mich häufig beim Fang begleitet, und ihre Kollegen, die ab und an für sie übernehmen, haben schließlich ein Recht auf Wochenende. Wir besendern die Füchse unter einer leichten Narkose, denn das reduziert den Stress für die Tiere enorm. Ich habe auch selbst einen Lehrgang für »Distanz-Immobilisation« absolviert. Dort lernte ich eine Mischung aus Waffenkunde, Tierschutzrecht und tiermedizinischem Wissen zur Anästhesie und erhielt nach einer theoretischen Prüfung in diesen Disziplinen und einer praktischen Prüfung im Schießen mit Betäubungspfeilen aus Luftdruckgewehren den entsprechenden Schein. Doch auch wenn ich im Laufe meiner Arbeit einige Narkosen durchgeführt habe, ist es immer ein gutes Gefühl, eine richtige Tierärztin neben mir zu wissen, die im Notfall eingreifen kann, sollte etwas schiefgehen – was zum Glück nie eingetreten ist.

Ich fahre also meine Fallen ab und bereite alles vor. Zu Beginn verwende ich als Ködermaterial sogenannte Fuchspaste: ein Köderfutter aus dem Jagdbedarf, das von Jägern zum Fuchsfang eingesetzt wird. Ich weiß nicht, ob die Paste den Geschmack der Landfüchse trifft oder ob sie diese ebenfalls nicht mögen, die Stadtfüchse jedenfalls interessieren sich nicht die Bohne für meine Paste. Trockenpflaumen wecken etwas mehr Interesse, reißen die Tiere aber offenbar ebenso wenig vom Hocker. Ich probiere verschiedene Trockenfuttersorten, und letztlich stellt sich heraus, dass die Stadtfüchse besonders scharf auf ein bestimmtes Hundefutter sind.

Beim Beködern der Fallen kommt es allerdings nicht nur auf die kulinarischen Vorlieben der Berliner Füchse, sondern auch auf gutes Timing an. Wenn ich nicht will, dass meine »Feldarbeit« aus Stunden im Stau besteht, muss ich die Rushhour meiden. Dass man als Stadtökologe nicht wie in Mexiko mit dem Geländewagen durch weite Landschaften brettern kann, versteht sich von selbst. Manchmal fehlt mir dieses Freiheitsgefühl, das ich in den Weiten der Prärie Mexikos oder beim Besuch von Kollegen in Namibia empfunden habe – Berlin ist eben doch ein etwas anderes Pflaster.

Zur falschen Zeit loszufahren dehnt manche Feldtage wie Kaugummi, und man kann für ein und dieselbe Strecke doppelt bis dreimal so lange brauchen. Bei Einsatz der Dämmerung soll alles fertig sein, ist man jedoch zu früh an den Fallen, geht man das Risiko ein, dass andere Tiere sich am Köder bedienen und nichts übrig bleibt. Wenn der erste Fuchs am Abend vorbeikäme, fände er dann nur eine langweilige Holzkiste vor. Das will ich nicht riskieren.

Besonders die Nebelkrähen entdecken diese neue Nahrungsquelle schnell für sich. Je nach Standort der Falle ist das lokale Besucheraufkommen unterschiedlich. Manchmal kann ich sehen, wie die gewitzten Vögel wenige Minuten nach meiner Abfahrt quasi eine Party an meiner Falle schmeißen. Einen Futterbrocken nach dem anderen räumen sie heraus, und manche beginnen gar, die Brocken für das Wegtragen zu stapeln. Für sie im wahrsten Sinne des Wortes ein gefundenes Fressen, für mich Extraarbeit …

Um das Geschehen an den Fallen auch in meiner Abwesenheit dokumentieren zu können, hänge ich Wildkameras in nahe stehende Bäume, an Pfosten oder an alles, was ich sonst finden kann. So kann ich feststellen, wann sich ein Fuchs für eine Falle zu interessieren beginnt, und welche Fallen ich scharf stellen sollte. Besuche ich eine Falle, nehme ich die aktuelle Speicherkarte der Wildkamera mit und setze eine neue ein. Zurück am Schreibtisch, kann ich dann in Ruhe nachschauen, wer sich an der Falle so herumgetrieben hat.

Für die Naturfreunde unter Ihnen, die einen Balkon, Garten oder Kleingarten haben und noch keine Berührung damit hatten, sei an dieser Stelle gesagt: Besorgen Sie sich eine dieser Kameras! Man kann sie manchmal sogar leihen, in Berlin zum Beispiel bei der Stiftung

Naturschutz. So eine Wildkamera ist wie eine Kinojahreskarte. Einfach fantastisch! Ich liebe noch heute den Moment der Neugierde und Vorfreude, wenn sich der Ordner langsam aufbaut und man den ersten Blick auf die tierischen Besucher erhaschen kann.

Die Wildkameras im Feld passend einzustellen ist indes eine Kunst für sich. Ist die Sensitivität des Auslösers zu niedrig, verpasst man vielleicht Spannendes. Ist sie zu hoch, stehen einem stundenlange Meditationen über Wildkamerafotos bevor, auf denen sich sanft wogendes Gras im Wind bewegt. Besonders schön auch, wenn sich versehentlich ein herabhängender Zweig in den Bildausschnitt gemogelt hat und es eine windige Woche war. Dann sind die Bilder äußerst abwechslungsreich: Der Zweig weht hin, der Zweig weht her ... Da braucht man eine gewisse Mischung aus Geduld und Aufmerksamkeit, um zwischen all den meditativen Pflanzenbewegungen nicht möglicherweise das eine spannende Fuchsfoto zu verpassen. Schön sind diese »unnützen« Aufnahmen aber schon manchmal. Im Laufe der Jahre entstanden so einige tolle Fotos von stimmungsvollen Lichtszenen, verschneiten Fallen oder beeindruckenden Wetterextremen.

Wenn man müde oder gestresst ist, kann es natürlich anstrengend sein, sich durch Tausende Bilder kameraversessener Vegetation zu klicken. Dennoch mag ich das Arbeiten mit Wildkameras. Denn finde ich dann einen Fuchs oder eine andere interessante Aufnahme zwischen all diesen Bildern, ist es wie ein Blitz der Freude, der mich durchfährt. Nach all der Zeit und nach Tausenden und Abertausenden von Fotos passiert das noch immer.

Durch die Wildkameras kann ich viele Eindrücke vom Leben der Füchse sammeln. Zweimal habe ich das Glück, dass eine Fähe quasi direkt vor der Kamera ihre Jungtiere großzieht. Aber auch skurrile und lustige Bilder von Füchsen kommen so zustande, wie Füchse, die direkt vor meiner Falle markieren und dabei in die Kamera sehen, als wäre es eine Botschaft an mich.

Besonders spannend ist es natürlich, zu sehen, wie sich die Füchse langsam für die Fallen zu interessieren beginnen, und mich, vor den Bildern sitzend, zu fragen, ob wir uns wohl bald Auge in Auge wiedersehen werden. Der Prozess ist dabei von Fuchs zu Fuchs sehr unterschiedlich. Ähnlich wie bei unseren Haushunden gibt es sicherlich auch beim Fuchs (genau wie bei allen anderen intelligenten und empfindsamen Säugetieren) unterschiedliche Charaktere und Persönlichkeiten. Während einige Füchse sich bei jedem Besuch etwas näher an und schließlich in die Fallen hineinwagen, laufen andere schnurstracks hindurch. Wieder andere bleiben scheu und meiden die seltsame Kiste dauerhaft.

Vom Klettern und Herumturnen auf den Fallen über ihre Nutzung als Unterstand oder Schlafplatz bis zu ewigem vorsichtigem Gucken, Anschleichen und Beschnüffeln ist alles vertreten. Was alle Füchse gemeinsam haben: Sie interessieren sich für diese seltsame Kiste mit dem sich nachfüllenden Inhalt. Meist nähern sie sich sehr vorsichtig und versuchen, an den Köder heranzukommen, ohne einen Fuß in das mysteriöse Objekt setzen zu müssen. Dabei machen sie sich so lang wie irgend möglich. Füchse können sich auf eine sehr lustige Art und Weise lang machen, sodass sie an eine dieser Stoffhundwürste erinnern, die man vor Türschlitze legt, damit es nicht zieht. Sie sind ja ohnehin eher schlaksige Gesellen, und manch ein Fuchs sieht bei diesen akrobatischen Einlagen aus, als hätte er noch ein wenig Extralänge herauskurbeln können.

Diese Mischung aus Neugierde und Furcht ist etwas, das ich sehr stark mit dem Fuchs verbinde. Füchse können wahnsinnig vorsichtig, ja regelrecht misstrauisch sein. Allzu viel Abgebrühtheit kann sich ein Fuchs wohl kaum leisten. Ihre Scheu vor Unbekanntem und ihre Zurückhaltung in Situationen, die sie nicht einschätzen können, sichert den Füchsen schließlich (genau wie vielen anderen Wildtieren) das Überleben.

Wer immer nach dem Motto »Vorsicht ist die Mutter der Porzellankiste« durchs Leben geht, erobert allerdings auch keine Städte oder ganze Kontinente. So sind die Neugierde und Erkundungsbereitschaft des Fuchses sicherlich ebenso wichtiger Teil seines Erfolgskonzeptes wie eine gesunde Portion Misstrauen.

Die Füchse an den Fallen zu beobachten, wie sie sich langsam heranwagen und nach und nach mutiger werden, ist also gleich in mehrfacher Hinsicht faszinierend. Es ist zum einen interessant, zu sehen, wie unterschiedlich die einzelnen Füchse sich verhalten, wie in ihnen Furcht und Neugierde widerstreiten. Zum anderen werde auch ich immer aufgeregter und vorfreudiger, weil ich hoffentlich bald noch tiefer in das Leben dieses Fuchses, den ich vor mir auf Bildern und Videos sehe, eintauchen darf.

Wenn ich nach meiner Fallenrunde an einem Montagnachmittag nach Hause zurückkehre, beginnt das große Warten. Im Flur neben der Tür türmt sich das Equipment für den Fall der Fälle. Das Telefon liegt auf dem Nachttisch auf maximaler Lautstärke. Nun muss ich nur noch versuchen einzuschlafen und hoffen, bald von einem Fallenalarm geweckt zu werden.

Eine typische Fangnacht

Wenn man Wildbiologen in Filmen sieht, ergibt sich für das Berufsbild des Forschers oft eine seltsame Melange aus Daniel Düsentrieb und Indiana Jones. In atemberaubenden Naturdokumentationen begleiten wir die Protagonisten bei spektakulären Einsätzen im Dschungel, auf einem Boot Ausschau haltend nach dem großen Wal weit draußen auf dem Ozean oder bei der holprigen Fahrt durch die Savanne, während der Geländewagen Staub aufwirbelt, der im Licht der roten Abendsonne leuchtet.

Wir teilen bewegende Momente, wenn in Auffangstationen und Tierkliniken aufgepäppelte Tiere endlich in die Freiheit entlassen werden, oder sehen mit Spannung zu, wie ein Narkosepfeil einen Nashornhintern trifft, das Tier langsam zu Boden geht und die Forscher es mit GPS-Trackern ausstatten und Blutproben nehmen.

Die Feld- und Freilandarbeit eines Wildbiologen ist ohne Zweifel spannend. Ich selbst hatte bisher das Glück, mit verschiedenen Wildtieren an unterschiedlichen Orten arbeiten zu dürfen, und auch die ein oder andere Gelegenheit, Kollegen bei ihren Projekten über die Schulter schauen oder zur Hand gehen zu dürfen. Viele dieser Momente gehören zu meinen eindrücklichsten Erinnerungen, die mich noch immer in Staunen versetzen. Dazu gehört der Eindruck von Wildheit und Ursprünglichkeit, wenn man die seltene Chance bekommt, einem Wolf, Wisent oder Elefanten ohne Zaun oder Glasscheibe zu begegnen, während Neugierde, Angst- und Fluchtinstinkte miteinander um die emotionale Oberhand streiten. Aber auch das Gefühl von Triumph, wenn man nach stundenlangem Warten und leisem Ausharren unter ungemütlichen Bedingungen endlich das Tier sieht, das zu sehen man sich erhofft hat.

Manchmal ist Wildtierforschung einfach großes Kino, Bilder wie der Sonnenuntergang in der scheinbar unendlichen Weite Namibias oder die wilde, karge Schönheit der Berge im Norden Mexikos haben sich für immer in meine Netzhaut eingebrannt. Viele von uns sind genau wegen dieser verheißungsvollen Erlebnisse Biologen geworden, und von solchen Bildern, Momenten und Erinnerungen zehre auch ich in den vielen Stunden am Schreibtisch, wenn ich mit rauchendem Kopf über Daten grüble. Denn natürlich zeigen diese Szenen nur einen kleinen Ausschnitt aus dem Leben eines Wildtierforschers. Den größeren Teil meiner Arbeit verbringe ich mit dem komplexen Auswerten von Daten, dem langwierigen Schreiben und Publizieren von Fachartikeln in wissenschaftlichen Zeitschriften und nicht zuletzt dem nervenaufreibenden Einwerben von Forschungsgeldern.

Doch auch die Feldarbeit läuft im wahren Leben bei Weitem nicht so glatt, wie es in manch einer Dokumentation den Anschein macht. Wenn zum Beispiel meine Forschung in einem Fernsehbeitrag auftaucht, ist fast immer gutes Wetter, und alles läuft nach Plan: Irgendwo im nächtlichen Berlin fällt eine Falle zu, und die elektronische Fallenüberwachung sendet eine Nachricht auf mein Handy. Das Team wird zusammengerufen, man trifft sich am Fangort, und die Fuchsbesenderung kann beginnen. Ein Versuch, ein Treffer, mein Film-Ich fängt und besendert einen Fuchs und zieht am nächsten Morgen ausgeschlafen mit kleiner und großer Antenne los, um erste Daten zu bekommen und auszuwerten.

Während es für mein Film-Ich also nicht besser laufen könnte, sieht die Realität einer typischen Fangnacht so aus:

Es ist drei Uhr nachts, ich wache auf und schaue hektisch auf mein Handy. Hab ich es verpasst? Gab es einen Fallenalarm? Ich bin in den letzten Stunden bereits unzählige Male aufgewacht. Wenn die Fallen scharf sind und ich weiß, dass es jederzeit losgehen kann, bin ich angespannt und schlafe nur oberflächlich. In meiner allerersten Fangnacht habe ich gar nicht geschlafen. Nach den vielen Nächten, die darauf folgten, bin ich nun wenigstens so in Übung, dass ich es durch eine Fangwoche schaffe, ohne am Tag wie ein Zombie über die Flure meines Instituts zu schleichen. Dennoch – die ständige Erwartung eines Alarms und die leise Sorge, diesen zu verschlafen, machen echtes Abschalten und tiefen Schlaf unmöglich.

Ich greife also müde nach meinem Telefon. Als sich meine Augen an das helle Licht des Displays gewöhnt haben, sehe ich, dass eine neue Nachricht angezeigt wird. Die Nachricht von Falle Nummer fünf ist kurz und knapp, in der Sprechblase des Messengers steht: »Fang! Bitte Falle kontrollieren.«

Sofort bin ich hellwach, das Adrenalin putscht meinen müden Körper auf und treibt mich aus dem Bett. Ich könnte nun behaupten, nach all diesen Nächten nicht mehr aufgeregt zu sein, doch das wäre eine Lüge. Die Unsicherheit des ersten Feldeinsatzes hat einer gewissen Routine Platz gemacht, das stimmt. Sollte mich die Feldarbeit jedoch eines Tages nicht mehr bewegen, wird es wohl Zeit, diesen Job an den Nagel zu hängen ...

Ich ziehe mich an. Es ist November, und es ist kalt draußen, besonders nachts. Im Winter sind Füchse sehr aktiv, das ist gut für den Fangerfolg, aber schlecht für frierende Wissenschaftlerinnen. Ich ziehe mich also warm an und schnappe mir meine Tasche mit den medizinischen Artikeln, die Sauerstoffflasche, die Tasche mit der Elektronik und meinen Rucksack, alles steht griffbereit neben der Wohnungstür. Das andere Equipment befindet sich bereits im Auto, damit ich es nicht ständig hin- und hertragen muss.

Noch mal kurz an der Tür innehalten und im Kopf die Schritte der nun anstehenden Besenderung durchgehen: »Alles aufbauen und vorbereiten, Halsbandsender einschalten, Gewicht bestimmen, Narkose einleiten, Gesundheitscheck, besendern, Narkose beenden.« Habe ich dafür alles dabei? Vom Stift über sterile Tupfer, Steckschlüssel, Segeltuchplane, Zange bis hin zum Pulsoxymeter gibt es eine Menge Dinge, die ich gleich brauchen werde. Ich trage alles ins Auto und fahre los.

Falle fünf steht am anderen Ende von Berlin, einmal diagonal von meinem Wohnort durch die Stadt. Tagsüber wäre ich ziemlich lange unterwegs, nachts um halb vier ist die Stadtautobahn leer, und kein Verkehr verzögert die Fahrt.

Im Vorbeifahren betrachte ich die leeren Straßen und dunklen Häuserfassaden. In einer Metropole wie Berlin brennt immer irgendwo Licht. Straßenlaternen, Tankstellen, Reklamen, Schaufenster und das ein oder andere erhellte Fenster einer Wohnung leuchten diffus in der Nacht, und doch wirkt die Stadt wie verwandelt. Es fehlt das menschliche Leben auf den Straßen. Autos parken mit ermatteten Scheinwerfern am Straßenrand, und kaum ein Mensch wagt sich in einer kalten Novembernacht zu dieser Stunde vor die Tür.

Jetzt ist die Zeit der Wildtiere. Aus dem Grunewald machen sich Wildschweinrotten auf ins Wohngebiet. Sie folgen der Straße »Unter den Eichen«, wo das Objekt ihrer Begierde nach einer guten Eichelmast die Grünstreifen zwischen den Fahrbahnen übersät. Einige Straßen weiter kriecht irgendwo ein Waschbär aus seiner Baumhöhle in einer alten Kastanie und klettert behände den Stamm hinab. Und auf den Bordsteinen, wo tagsüber Menschen flanieren, kann man nun dem Fuchs begegnen, der durch sein Streifgebiet patrouilliert.

Die Stadt selbst sieht nachts nicht anders aus als am Tag. Dennoch wirkt alles auf seltsame Weise surreal. Parkende Autos, über die ein Steinmarder spaziert, die Bushaltestelle, an der ein Fuchs den Mülleimer überprüft – überall beleben Gestalten eine Welt, die ganz offensichtlich nicht die ihre ist. Als würden sie in einem parallelen Universum existieren, in dem die Stadt den Tieren gehört.

Wenn ich mich tagsüber durch die bunte, belebte Stadt bewege, zieht mich der Kontrast zum nächtlichen Berlin immer wieder in seinen Bann. An einer S-Bahn-Haltestelle stehend, wartend zwischen Gewusel und dem Stimmengewirr von Dutzenden Menschen, kommt mir der Gedanke, dass es genau hier zu einer anderen Zeit dieses andere Berlin gibt, diese Schattenwelt, die für uns Menschen nicht wirklich greifbar ist und von deren Existenz viele von uns nichts wissen.

Ich fahre durch diese nächtliche Stadt, und in meine Aufregung mischt sich nun Vorfreude. Gleich bin ich da, und es geht los. Ich bin jedes Mal wie elektrisiert in diesem Moment, wenn ich die Klappe der Falle öffne und den ersten Blick hineinwerfe.

Nie werde ich vergessen, wie der erste Fuchs in eine meiner Fallen tappte und ich zum ersten Mal in diese wunderschönen, mysteriösen gelbbraunen Augen blickte.

Füchse sind unglaublich schöne Geschöpfe. Aus der Nähe betrachtet ist ihr dichtes rotes Fell durchsetzt von grauen, weißen und schwarzen Pünktchen, Tausende einzelne Härchen, die das Fell meliert und bunt erscheinen lassen. Und ihre bernsteinfarbenen Augen verursachen bei mir einfach Gänsehaut.

Bei der Falle angekommen, stelle ich das Auto ab. Ich habe in einiger Entfernung angehalten, um niemanden aufzuschrecken. Ich ziehe meine dicke Jacke an, streife die Arbeitshandschuhe über und setze die Stirnlampe auf, dann laufe ich langsam los. Ich versuche, mich leise und ruhig zu bewegen, während mein Herz vor Spannung bis zum Hals klopft. Im Kopf bereite ich mich, so gut es geht, auf den Moment vor, denn ich muss gleich Ruhe ausstrahlen und sorgfältig und gewissenhaft arbeiten. Ich stehe vor der Falle und atme tief durch. Ich öffne den Deckel und werfe einen Blick ins Innere. Und dort sitzt – ein irritiert wirkendes Eichhörnchen.

Wir starren uns einige Sekunden lang an, bis mein Gehirn realisiert, was es sieht. Schlagartig ist die Müdigkeit zurück. Mein Kopf erinnert mich daran, dass ich kaum geschlafen habe und gerade frierend irgendwo in Berlin stehe, ganz weit weg von meinem Schlafzimmer. Ich lasse das Eichhörnchen frei, lege neue Köder aus und bereite die Falle für einen weiteren Einsatz vor, bevor ich zurück nach Hause fahre und wieder ins Bett krieche.

Anschließend schlafe ich eine Weile, aber nicht lange, denn gleich piept mein Handy wieder, und ich rolle mich aus dem Bett. Denn irgendwo in Berlin sitzt ein vollgefressener Igel in einer zwei Meter langen Holzkiste und wartet darauf, von mir herausgelassen zu werden …

Beifang

Mein Weg zum ersten Fuchs war ein langer. Ich war im Frühsommer in das Projekt gestartet und musste mich bis zum Jahresende mit anderen tierischen Besuchern begnügen. Igel und Eichhörnchen sind nur zwei der

Arten, die ich im Laufe des Projekts in meinen Fallen so antreffe. Es kommen noch hinzu: Steinmarder, Nebelkrähen, die eine oder andere Hauskatze, Ratten, Waschbären und Elstern. Auch Dachse, Wildkaninchen, Graureiher und ein Reh besuchen meine Fallen, klettern jedoch (Letzteres aus offensichtlichen Gründen) nicht hinein.

Die eine oder andere Hauskatze ist im Übrigen wörtlicher zu verstehen, als man meinen könnte, denn es war tatsächlich entweder die eine oder die andere. Aus irgendeinem Grund scheint besonders ein graues, langhaariges und sehr edel dreinblickendes Exemplar aus Berlin-Schöneberg Gefallen an meiner Falle zu finden, und so treffen wir uns dort hin und wieder des Nachts.

Wenn ich da so müde und frierend im Dunkeln an meiner Falle stehe, die Klappe aufmache und die gleiche Katze anstarre wie das letzte Mal, als ich ebenfalls müde und frierend an Ort und Stelle stand, durchlaufe ich eine ganze Palette von Emotionen: Zunächst die Enttäuschung – wieder kein Fuchs! Dann ein bisschen Ärger darüber, dass ich wegen einer Katze aufgestanden und quer durch Berlin gefahren bin, obwohl ich den Schlaf gut hätte brauchen können. Aber noch während ich unter den Augen der tief entspannten Katze das Material hole, um die Falle für den erneuten Einsatz herzurichten, verraucht der Ärger. Ich öffne die Tür, und die Katze streckt sich und spaziert hinaus, nicht allzu eilig, versteht sich. Wenn sie dann langsam in der Nacht verschwindet, stellt sich bereits ein gewisses Gefühl von Vertrautheit ein. Als wären wir alte Freunde. »Bis morgen!«, sage ich und mache mich auf den Rückweg. Müde, aber irgendwie zufrieden fahre ich nach Hause.

Tiere, die immer wieder in die Fallen laufen (oder hüpfen), nennen wir Feldbiologen »trap happy«. Manche Arten sind wirklich schwer zu fassen, und hat man sie einmal erwischt, erwischt man sie mit großer Wahrscheinlichkeit kein zweites Mal. Füchse gehören zu dieser Gruppe, genauso wie Ratten. Andere Arten lassen sich leicht immer und immer wieder fangen. Das ist besonders für Naturschutzprojekte sehr hilfreich, in denen mithilfe der Rückfangmethode bestimmt werden soll, wie viele Tiere in einem Gebiet vorkommen. Man schnappt die Tiere, markiert sie und lässt sie wieder frei. Nach einer Weile fängt man sie erneut, und anhand des Anteils markierter Tiere in der zweiten Runde lässt sich die Populationsgröße hochrechnen. Eine ziemlich simple, aber effektive Methode – wenn man es nicht mit Fuchs, Ratte und Co. zu tun hat.

Waschbären gehören eindeutig in die Kategorie »trap happy«. Sie sind mit großem Abstand die häufigsten Besucher an und in meinen Fallen. Nach einer Weile beschleicht mich der Verdacht, dass es sich bei den vielen Fängen an einem Standort nicht jedes Mal um einen anderen Waschbären handeln kann. Also beginne ich, Waschbären und Igel (denen ich ebenfalls unterstelle, sich ein wenig zu häufig in meine Falle zu »verirren«) mit Viehmarkierfarbe zu markieren. Das neonfarbene Spray verpasst den Waschbären orange oder grüne Hintern und dem Igel ein, zwei bunte Flecken auf seinen Stacheln.

Und der Verdacht bestätigt sich: Es gibt ein paar Kandidaten, die hin und wieder vorbeischauen. Bei den Waschbären können das bis zu acht verschiedene Tiere an einer Falle sein, und dann sind da regelrechte Serientäter.

Ich erinnere mich noch, wie ich bei einem dieser Serientäter-Waschbären anfangs dachte, wie dumm er sei, sich immer wieder fangen zu lassen. Doch eines Nachts stehe ich in strömendem Regen vor meiner Falle, durchnässt bis auf die Knochen. Drinnen sitzt der Waschbär, trocken und mit vollem Bauch. Er starrt mich an, nachdem ich die Tür geöffnet habe, und macht keinerlei Anstalten, sich aus der Falle herauszubewegen. Selbst meine etwas hilflosen »Schhhh«-Geräusche, Aufstampfen mit den Füßen oder das Anleuchten mit der Taschenlampe scheinen weniger unangenehm zu sein als der strömende Regen draußen. Mir kommt der Gedanke, dass diese Serientäter keinesfalls dumm sind, sondern vielmehr wissen, dass von der Biologin mit ihrer Falle keine Gefahr ausgeht, sondern vielmehr Gratisfutter in Form von Ködermaterial zu erwarten ist …

Es gibt aber auch unter den scheuen Tieren immer wieder einzelne Kandidaten, die das mit den Fallen irgendwie anders zu bewerten scheinen. Im Rahmen meiner Masterarbeit habe ich gemeinsam mit meiner Kollegin und engsten Freundin Manuela Präriehunde in der Prärielandschaft Nordmexikos gefangen und mit großen schwarzen Nummern markiert, die wir in ihr Fell einfärbten. Es handelt sich dabei um murmeltierähnliche Tiere, die in großen Kolonien leben und unterirdische Bausysteme anlegen. Sie sind vergleichsweise scheu, auf jeden Fall nicht »trap happy«.

Für die Studie zum Alarmverhalten von Präriehunden mussten alle Mitglieder einer Familiengruppe innerhalb der Kolonie gefangen werden, erst dann war eine Untersuchungsfläche fertig für unsere verhaltensbiologischen Versuche, bei denen wir einen ausgestopften Silberdachs namens Stinky durch die Fläche zogen. Aber das ist eine andere Geschichte. An einem Standort bereitete uns ein Präriehund große Schwierigkeiten. Denn »Nummer sieben« spazierte mit einiger Selbstverständlichkeit regelmäßig in eine der kleinen Drahtkastenfallen, die wir mit Erdnussbutter und Haferflocken beköderten. Dort angekommen, verspeiste er den Köder und startete dann einen lauten Warnruf, der alle umstehenden Koloniemitglieder dazu veranlasste, schnellstmöglich im nächsten Bau zu verschwinden (ein Verhalten, das zu untersuchen unter anderem der Grund für unseren Aufenthalt war). Besonders die scheuen Kandidaten unter den Koloniemitgliedern waren nach so einer Aktion erst mal stundenlang unter der Erde und damit außerhalb unserer Reichweite. Auf die Spitze trieb es aber ein anderer Präriehund, ein regelrechter Vandale, der zu den Fallen lief, sie von außen durch einen resoluten Hieb mit seiner Pfote auf das Wippbrett auslöste und dann die Haferflocken herausangelte. Ärgerlich für die Biologen. Gut für den Präriehund, denn Haferflocken sind ein echter Leckerbissen in der kargen Landschaft der Sierra Madre. Wer könnte es ihm verdenken?

Ich weiß also, dass man es durchaus schlimmer treffen kann als mit etwas zu fallenbegeisterten Waschbären. Dennoch will ich natürlich nicht innerhalb einer Nacht mehrfach denselben Waschbären aus meiner Falle lassen müssen, irgendwann muss ich schließlich auch mal schlafen. Also überlege ich, wie ich meine Serientäter vergrämen könnte – und so wird eine Sprühflasche mit Wasser ein weiteres Tool auf meiner langen Packliste. Das Ansprühen hilft meistens für eine Weile, und für die ganz harten Fälle darf mein großer weißer Schäferhund Curon kurz aus dem Auto steigen und dem Waschbären einen tadelnden Blick zuwerfen. Curon kann zwar keiner Fliege etwas zuleide tun, aber das wissen die Waschbären ja glücklicherweise nicht, und so habe ich meine Geheimwaffe für die schweren Fälle gefunden. Die Wirkung hält freilich nicht ewig, verschafft mir allerdings einige Stunden und bestenfalls sogar einige Nächte mehr Schlaf.

Man macht ja so allerlei Dinge, wenn man müde ist und sich wach halten muss. Auf dem nächtlichen Weg zu einer Falle gebe ich daher gelegentlich in einem inneren Monolog Wetten ab, welche Arten ich diesmal antreffen werde. Meist liegt eine der beiden Seiten richtig. Doch einmal gewinnt keine meiner schizophrenen Wett-Persönlichkeiten. Als ich mal wieder bei strömendem Regen zu einer Falle am anderen Ende von Berlin fahre und circa eine Stunde nach dem Alarm nass und aufgeregt die Klappe öffne, ist darin – nichts. Vermutlich hat der starke Regen den außen liegenden Teil des Auslösemechanismus getroffen und so den Alarm verursacht. Das ist vermutlich der enttäuschendste »Fang« des gesamten Forschungsprojekts.

Denn auch wenn aller Beifang letztlich eine Art Fehlschlag für das Vorankommen meines Fuchsprojekts ist, bekomme ich so doch immer wieder Eichhörnchen, Waschbären und andere Arten aus nächster Nähe zu sehen – und das lässt mein Biologenherz zugegebenermaßen trotz aller Enttäuschung regelmäßig höherschlagen.

Außerdem sorgen die Tiere für einige lustige Momente. Zum Beispiel greift ein Waschbär einmal frech und konfrontativ durch das Gitter der Falle nach meiner Hand und erschreckt mich damit furchtbar. Ein Eichhörnchen springt mir todesmutig entgegen, als ich das Drahtgitter unter der Klappe ein winziges Stück zu weit öffne, und verabschiedet sich über meine Schulter. Besonders amüsant sind jedoch die Tiere, die es irgendwie geschafft haben, nicht alleine, sondern gleich zu mehreren gefangen zu werden. Bei zwei Igeln ist das noch nachvollziehbar. Bei ihren kurzen Beinchen kann ich mir gut vorstellen, dass Igel Nummer zwei die Falle betrat, während Igel Nummer eins es noch nicht bis zum Köder in der Mitte geschafft hatte, und beim Erreichen desselben wurden beide dann gemeinsam eingesperrt. Ich habe allerdings auch schon etwas verdutzt mehrere Waschbären in einer Falle vorgefunden, und den Rekord hält ein Knäuel aus Fell in der Ecke der Falle, das sich als drei neugierige Steinmarder herausstellte.

Jede einzelne Wildtierbegegnung ist ein Erlebnis für sich. Ich weiß nicht, ob es für andere nachvollziehbar ist, welch große Gefühle die vielen wundervollen Geschöpfe unseres Planeten in mir hervorrufen können. Vielleicht wird einem diese Faszination in die Wiege gelegt, vielleicht kann man sie auch in denen wecken, die nicht schon als kleine Kinder mit angehaltenem Atem vor Tierdokumentationen saßen – ich weiß es nicht. Ich weiß nur, dass ich für jedes einzelne dieser

Erlebnisse dankbar bin und die Erinnerungen daran in mir trage. Die exotischen Waschbären mit ihrer schwarzen Gesichtszeichnung begeistern mich ebenso wie die flinken Eichhörnchen. Auch die gemächlichen Igel (die einzigen Tiere, die nicht selbstständig aus den Fallen laufen, nachdem ich sie öffne) betrachte ich mit Freude, während ich sie vorsichtig mit Handschuhen heraushebe, um sie in einiger Entfernung ins Laub zu setzen, von wo aus sie davonwatscheln. Dennoch fiebere ich natürlich bei jedem Fallenalarm dem einen Moment entgegen, wenn ich die Klappe öffnen und endlich einen Fuchs vorfinden werde …

FOX FUN FACT

Veilchenduft

Füchse besitzen verschiedene Drüsen, die sie zur Markierung und Kommunikation einsetzen. Die Viole oder Veilchendrüse kann mit ihrem veilchenähnlichen Geruch allerdings nicht gegen die Analdrüsen anstinken. Deren Sekret verleiht dem Fuchs einen Teil seines eher herben Odeurs. So schön Füchse sind, ihr Geruch ist alles andere als einladend. Selbst im Vergleich mit anderen Wildtieren kann man wirklich nicht behaupten, dass sie zu den sonderlich gut duftenden Zeitgenossen gehören. Auch Markierungen von Füchsen riechen intensiv. Kann man den Geruch einmal zuordnen, fällt er leicht auf, und unterwegs durch Wald und Stadt riecht man immer wieder, dass schon jemand vor einem hier war.

Ein Fuchs in der Falle

In einer Nacht im Dezember, etwa zwei Wochen vor Weihnachten, ist es so weit: Der erste Fuchs läuft in eine meiner Fallen. Diesmal immerhin nicht am anderen Ende von Berlin, sondern nur zehn Minuten Fahrt entfernt. Zehn Minuten voller Spannung und Vorfreude. Die Falle steht auf einem Friedhofsgelände in einem eingezäunten Bereich, wo alte Grabplatten und Erde gelagert werden.

Ich parke in der Straße vor dem Friedhof, greife mir die Taschenlampe und mein Telefon und gehe los. Der Weg führt mich am geschlossenen Blumenstand am Friedhofseingang vorbei, an Gräbern entlang und unter Bäumen hindurch, die sich hier, in einiger Entfernung zur nächsten Straßenbeleuchtung, wie schwarze Scherenschnitte vor dem dunklen Nachthimmel abzeichnen. Ich bin nervös, wie immer auf dem Weg zur Falle. Dass ich mitten in der Nacht allein über einen Friedhof laufe, trägt aber vielleicht auch ein wenig zur Gänsehaut bei.

Die letzten Meter lege ich besonders leise zurück, um das Tier in der Falle nicht zu erschrecken. Dort angekommen, öffne ich die Klappe und schaue hinein. Aus dem Inneren blickt mir ein Fuchs entgegen. Seine Augen leuchten im schwachen Licht meiner Taschenlampe, die ich neben mir auf den Boden gerichtet halte, um den Fuchs nicht zu blenden. Dieses Aufglimmen in der Dunkelheit entsteht durch das Tapetum lucidum, eine schillernde Schicht im Auge vieler nachtaktiver Wildtiere, die selbst schwaches Licht reflektiert und es so verstärkt. Wie ein Glühen wirkt es in der dunklen Friedhofsnacht.

Es ist schwer, das Gefühl zu beschreiben, das ich in diesem Moment empfinde. Eigentlich ist es eine ganze Reihe von Gefühlen, und alle erlebe ich gleichzeitig. Da sind Aufregung und Freude, Faszination und Dankbarkeit, eine nicht zu vernachlässigende Portion Angst, Erleichterung, weil ich nach Monaten endlich einen Fuchs gefangen habe, und zugleich Anspannung, weil ich nach Monaten endlich einen Fuchs gefangen habe.

Ich weiß nicht, wie viel Zeit vergeht, ob es Minuten oder nur Sekunden sind. Der Fuchs sitzt ganz ruhig da, gibt kein Geräusch von sich und sieht mich an. Mich mühsam ins Hier und Jetzt zurückholend, schließe ich die Klappe vorsichtig wieder und entferne mich von der Falle.

Gerne hätte ich ihn länger angesehen, wäre in diesen Augen versunken und hätte das Gefühl von Ehrfurcht in mich aufgesogen, das mich beim Anblick dieser wilden Schönheit überflutet. Aber ich will ihn nicht bedrängen, ihn nicht weiter aufregen, als es meine Anwesenheit ohnehin schon tut. Die Fallen sind blickdichte Holzkisten, damit die Tiere sich zum einen nicht an etwaigen Drahtgittern und Ähnlichem verletzen können. Zum anderen trägt die Dunkelheit in der Falle dazu bei, dass die Tiere ruhig bleiben.

In einiger Entfernung greife ich zum Telefon und informiere meine beiden Kollegen: den Wildbiologen Konstantin, der mich bei der Feldarbeit mit seinem Fachwissen und manchmal auch mit seiner Kraft unterstützt, und die Tierärztin Janina, die sich um alle medizinischen Belange der Füchse kümmert. Sie machen sich auf den Weg und werden mindestens eine halbe Stunde unterwegs sein. Das gibt mir Zeit, die nun folgende Besenderung in Ruhe vorzubereiten.

Zunächst breite ich etwas abseits der Falle auf einer freien Rasenfläche eine große Segeltuchplane aus. In die Mitte lege ich eine dicke Isoliermatte und darauf ein Handtuch. Dort soll der Fuchs später liegen, um während der Narkose nicht auszukühlen. Mir selbst ist gar nicht mehr kalt, das Adrenalin spendet Wärme. Auf eine mir zuvor unbekannte Weise bin ich gleichzeitig aufgeregt und ruhig. Vielleicht fühlt sich so ein Pianist vor den ersten Takten eines Konzerts oder ein Arzt vor dem ersten Schnitt bei einer Operation. Eine Mischung aus Aufregung über das, was man gleich tun wird, und Ruhe, die man braucht, um seine Aufgabe gewissenhaft und sorgsam zu erledigen.

In eine Ecke der Segeltuchplane stelle ich meine große Werkzeugkiste mit ihren scheinbar unzähligen kleinen Fächern voller »Biologengerümpel«. Für das Anlegen und Anpassen des GPS-Senderhalsbandes brauche ich ein Maßband, eine scharfe Schere, eine flache Zange, einen Steckschlüssel, einen weißen Filzstift und eine Metallfeile. Daneben entsteht ein kleiner Haufen für das Einschalten des Senders: mein Feldnotebook, das Auslesegerät, eine Ortungsantenne, ein kleiner Magnet sowie der Halsbandsender selbst.

Mithilfe des Notebooks und des Auslesegeräts verbinde ich mich mit dem Chip im Senderhalsband. Ich schalte das Auslesegerät ein und aktiviere anschließend durch eine kurze Berührung mit dem Magneten den Sender. Auf dem Terminal steht »TAG FOUND – 4145«, das Gerät hat den Sender (»tag«) 4145 erkannt. Ich überprüfe zunächst noch einmal alle Einstellungen, die ich einige Wochen zuvor einprogrammiert habe: Wann und wie oft soll das Halsband Kontakt zum Satelliten suchen und eine Koordinate speichern, wie lange soll es die Kontaktaufnahme versuchen, falls keine Verbindung zustande kommt, welches Suchzeitfenster will ich für diesen Fuchs ansetzen und, und, und.

Um in der Aufregung keine Fehler zu machen, habe ich mir eine Übersicht aller Einstellungen angefertigt und gleiche diese nun Zeile für Zeile ab. Nachdem ich sichergestellt habe, dass alles korrekt eingespeichert ist, schalte ich den Sender ein. Ich wähle im Menü »START AUTOMODE« aus, bestätige, und nach einigen Sekunden erhalte ich die Information »TAG AUTOMODE/ CONNECTION CLOSED«. Zwei kurze Zeilen, die bedeuten, dass aus diesem toten Gegenstand nun ein kleiner Datenrucksack geworden ist, der den Fuchs in Zukunft durchs Leben begleiten wird.

Computer und Auslesegerät haben ihren Dienst erfüllt, und ich lege sie griffbereit beiseite. In eine andere Ecke der Plane platziere ich das medizinische Equipment. Neben Schutzkitteln und Einmalhandschuhen für uns sind dort Spritzen und Kanülen mit verschiedenen Stärken und Volumina, sterile Tupfer, Wunddesinfektionsspray und Händedesinfektionsmittel, eine Medikamententasche mit den notwendigen Narkotika und Antagonisten, ein Spritzenmülleimer, der vor Verletzungen durch gebrauchte Nadeln schützt, Müllbeutel, Saugtücher, Silberspray für das Versorgen möglicher

Wunden und mein Stethoskop. Zu dem Stapel gehören außerdem Röhrchen für Blutproben, sterile Wattestäbchen, ein Pulsoxymeter sowie eine Sauerstoffflasche mit Schlauch und einer selbst gebastelten Atemmaske.

Teil für Teil hake ich von meiner langen Packliste ab. Es ist wohl nicht mehr nötig zu erwähnen, dass ich ein eher organisiert und strategisch arbeitender Mensch bin. In dieser Situation geht es jedoch nicht nur darum, selbst einen guten Überblick zu behalten. Vielmehr soll alles möglichst reibungslos klappen und keinerlei Verzögerung entstehen, weil der richtige Gegenstand unbedachterweise nicht zur rechten Zeit greifbar wäre. Schließlich werden wir gleich ein kleines Fuchsleben in unseren Händen halten.

Sorgfältig lege ich alles aus. Neben die Plane stelle ich den Abfangkorb, den wir brauchen, um den Fuchs zu wiegen, lege Unterlegkeile und eine Waage daneben, genau wie ein Tuch, um den Drahtkorb abdecken zu können. Auf die letzte freie Ecke der Plane platziere ich eine große Packung Heu und einen Holzstock, das Klemmbrett mit einem leeren Protokollvordruck für die Besenderung und einen Stift. Mit all diesen Dingen und dem ganzen medizinischen Equipment sieht die Segeltuchplane aus wie eine mobile Praxis oder ein Feldlazarett. Manch einer mag sich vielleicht fragen, wofür man das ganze Zeug braucht. Nun, Sie werden sehen.

Früher hat man das natürlich mit viel weniger Equipment gemacht. Eine pulsoxymetrische Überwachung der Lebenszeichen gab es nicht, sie hätte in einigen Fällen auch wenig Sinn gemacht, denn man hat Sender zeitweilig auch ohne Narkose an Tiere gehängt. »Früher, da hat man sich noch nicht so den Kopf zerbrochen, da hat man einfach gemacht!« Wenn man manchen altgedienten Kollegen zuhört, könnte man meinen, früher seien die Forscher noch mit dem Knüppel losgezogen: Tier der Begierde ausgesucht, eins drübergezogen und dann drei Kilo Hardware dran.

Nun, ganz so war es vielleicht nicht, aber ein Funken Wahrheit ist dran. Heute legen wir mehr Wert auf Tierschutz, die Medikamente für Narkosen sind besser und verträglicher geworden, und beim Besendern wird darauf geachtet, die Tiere mit maximal drei Prozent ihres Körpergewichts zu belasten. Eine leichte Narkose vermeidet Stress beim Anlegen des Senders. So können die Tiere anschließend mit einer kleinen Erinnerungslücke, aber ohne Schmerzen oder Angst ihrer Wege gehen. Ich habe erstaunlicherweise nicht ein einziges Mal erlebt, dass ein Fuchs versucht hat, das Halsband zu entfernen oder auch nur daran herumzukratzen.

Wildtiere sind tough. Sie laufen weite Strecken mit schweren Verletzungen, sie hungern tagelang, halten Hitze und Kälte aus, kämpfen um Ressourcen, müssen Krankheiten aushalten und kennen keinen Tierarztbesuch. Wie zäh Füchse sind, zeigen mehrere Studien aus Großbritannien. Nur circa fünf Prozent aller Füchse erleben ihren vierten Geburtstag, aber wenn sie es tun, ist ihr Körper häufig vom Leben gezeichnet. Schon etwa ein Drittel aller zwei- bis dreijährigen Füchse weist verheilte Knochenbrüche auf, bei den Fünfjährigen haben ganze siebzig Prozent mindestens eine alte Fraktur. Und trotzdem meistern diese Tiere ihren Alltag.

Sie sind eben wild. Einen Sender zu tragen gehört sicherlich nicht zu den größten Herausforderungen, mit denen ein Wildtier sich herumschlagen muss. Trotzdem sollte man ihnen diese von uns zusätzlich auferlegte Bürde so leicht wie möglich machen.

Eine halbe Stunde nach meiner Ankunft stehe ich vor der Plane und betrachte fast andächtig mein Werk. Bevor ich darüber nachdenken kann, ob doch noch etwas fehlt, oder ich Gefahr laufe, vor lauter Aufregung noch einmal alles zu kontrollieren, summt mein Handy. Die anderen sind eingetroffen.

Die Besenderung

Ich weiß nicht genau, wie die einzelnen Schritte dieser Nacht abliefen, ob ich vielleicht etwas anders gemacht habe als bei den Füchsen danach. Die Erinnerungen an die verschiedenen Nächte fließen ineinander. Präsent bleiben das Erlebnis selbst und das Gefühl, das es begleitete.

Sobald wir alle versammelt sind, kann es losgehen: Auf dem Besenderungsprotokoll wird die Uhrzeit für den Beginn des »Handlings« vermerkt. Nun ist es offiziell, ich werde meinen ersten Fuchs besendern. Zunächst müssen wir den Fuchs möglichst unkompliziert aus der Falle herausbekommen. Dafür wird der Abfangkorb an einem Ende der Falle aufgestellt und an ihr fixiert. Dieser Drahtkäfig verfügt an einer Seite über eine Art Falltür, die geöffnet und mit der Fuchsfalle verbunden wird, sodass der Fuchs sich aus der Falle in den Abfangkorb bewegen kann. Damit er das tut, decke ich den Korb mit einem Handtuch ab. Um das Tier nicht zu erschrecken, arretiere ich die Falltür nicht, die sonst bei einem Tritt auf die Auslöserplatte im Käfig zufallen würde. Stattdessen bleibe ich neben dem Abfangkorb sitzen und halte den Atem an. Ganz langsam und vorsichtig wagt sich der Fuchs in den Drahtkorb, und ich schließe die Falltür sanft hinter ihm.

Anschließend hebe ich den Abfangkorb mit einer Federwaage leicht an und lese das angezeigte Gewicht ab. Wir kennen das Leergewicht des Drahtkäfigs und können nun mithilfe des berechneten Fuchsgewichts die richtige Narkosedosierung bestimmen. Der Fuchs ist erwachsen und liegt genau im Mittel, er wirkt gesund und gut genährt. Die Tierärztin zieht die Medikamente auf und hält mir die Spritze noch einmal zur Prüfung entgegen. Ich nicke stumm. Solange der Fuchs wach ist, arbeiten wir in absoluter Stille.

Das Narkosemittel ist eine Mischung aus verschiedenen Medikamenten, sie lösen Schlaf aus, entspannen die Muskulatur und verhindern Schmerzen. Im Inneren des Abfangkorbs befindet sich eine bewegliche Zwischenwand, die es uns ermöglicht, den Käfig genau an die Größe des Fuchses anzupassen. So können wir ihm die feine Spritze direkt setzen, ohne dass eine schnelle Bewegung seinerseits zum Abbrechen der Nadel führt. Dazu lüpfe ich das Handtuch leicht an und verhülle den Käfig dann wieder. Wir entfernen uns leise, Dosierung und Zeitpunkt der Injektion werden im Protokoll festgehalten, dann warten wir.

Nach einigen Minuten kehren wir langsam zum Korb zurück. Man hört ein leises, ruhiges Atmen, ansonsten ist es still. Bedächtig hebe ich das Tuch an und betrachte den Fuchs. Seine Augen sind geschlossen, er scheint gut eingeschlafen zu sein. Um sicherzugehen, dass die Narkose vollständig eingesetzt hat, berühre ich mit meinen behandschuhten Händen leicht seine Nase und seine Augenlider. Keine Regung. Sanft, als würde ich ein rohes Ei in Händen halten und nicht dieses zähe kleine Wildtier, hebe ich den schlafenden Fuchs aus dem Korb und trage ihn zur vorbereiteten Stelle auf der Segeltuchplane.

Hier vergewissern wir uns zunächst, dass der Fuchs richtig schläft. Herzfrequenz und Atmung sind normal, alles gut, ich atme selbst tief durch und hänge das Pulsoxymeter an. Bei uns Menschen kommt der Clip an den Finger, beim Fuchs an die Zunge. Wir werden seinen Herzschlag im Laufe der nächsten Stunde immer wieder auch händisch messen und abhören. Janina sitzt mit ihrem Stethoskop neben mir, sie wird die Narkose im Auge behalten und ist bereit, jederzeit einzugreifen. Das Pulsoxymeter gibt uns allerdings zusätzliche Gewissheit, während wir mit den anderen Schritten beschäftigt sind. Auf dem kleinen Display sehe ich die Sauerstoffsättigung des Fuchses. Die Werte sind bestens, und ein leises »Piep, piep, piep, piep, piep« zeigt mir das regelmäßige Klopfen des kleinen Herzens an.

Um ganz sicherzugehen, dass der Sauerstofflevel im Blut stabil bleibt, haben wir die Sauerstoffflasche dabei. Ihr Schlauch endet im Deckel einer abgeschnittenen Wasserflasche. Ich positioniere diese Atemmaske Marke

Eigenbau um die Schnauze des Fuchses und drehe den Sauerstoff auf, gerade so, dass ein leises Rauschen den stetigen Strom des Gases in die kleine schwarze Nase verspricht. Um die Augen vor dem Austrocknen zu schützen, gebe ich eine kleine Menge Salbe hinein und decke sie anschließend mit einem Tuch ab, damit kein Lichtreiz die Narkose stört.

Jetzt, wo die Überwachung der Lebenszeichen läuft und ich das beruhigende Piepen im Hintergrund höre, kann ich mich zum ersten Mal dem Moment widmen. Ich schaue auf den Fuchs herab, der ruhig schlafend vor mir liegt. Plötzlich sieht er so winzig aus, die schmalen Beine so zerbrechlich. Wenn ich Füchse abends am Waldrand oder auf dem Bordstein antreffe, wirken sie viel größer. Oft habe ich darüber nachgedacht, ob es nur die Entfernung ist oder ob seine Ausstrahlung dem Fuchs in unserer Wahrnehmung zusätzliche Größe verleiht.

Nun wird mir seine Zierlichkeit eindrücklich bewusst. Die filigranen Beine, die kleine spitze Schnauze. Nur sein buschiger Schwanz sieht ausladend und irgendwie fluffig aus, fast so groß wie der Fuchs selbst. Andächtig berühre ich sein weiches Fell. Kleine Narben und Blessuren zeugen von vergangenen Erlebnissen. Die langen Beine enden in schwarzen Pfoten, ein Schwarz, das von den dicken, weichen Ohren noch übertroffen wird. Das tiefschwarze Fell wirkt dort wie Samt. Seine schneeweißen, wenig abgenutzten Zähne identifizieren ihn als einen der Füchse, die im Sommer des vergangenen Jahres geboren wurden. Er ist ein Rüde, und wir nennen ihn Rudi.

Eine nähere Untersuchung des kleinen Körpers bestätigt unseren ersten Eindruck: Rudi ist ein gesunder junger Fuchs. Nichts lässt auf Verletzungen oder andere gesundheitliche Einschränkungen schließen. Diese sorgsame Kontrolle ist wichtig, da wir nur Tiere besendern wollen, die fit genug sind und nicht mit ohnehin vorhandenen Einschränkungen zusätzlich belastet werden sollen.

Ich nehme das Maßband und vermesse Rudis Halsumfang. 22 Zentimeter, die Lochung des Halsbandsenders ist viel zu weit für diesen Fuchs – genau wie für alle anderen Füchse. Sie sind nun mal sehr zierliche Zeitgenossen. Ich zeichne die 22 Zentimeter mit dem weißen Filzstift auf den glatten schwarzen Gurt des Halsbandsenders. Mit der Lochzange versuche ich, zwei weitere Löcher in der Nähe der Markierung zu stanzen, doch meine Kraft reicht nicht für ein sauber durchgestanztes Loch. Ich reiche Halsband und Zange meinem Kollegen Konstantin, der mir gegenüber auf der anderen Seite des Fuchses kniet und mir gelegentlich das benötigte Werkzeug reicht. Er stanzt die Löcher aus und gibt mir den Sender zurück. In der ganzen Zeit, die wir drei dort gemeinsam um den kleinen Fuchs herumsitzen, sprechen wir kaum. Wir sind ganz auf unsere Aufgaben konzentriert. Janina auf die Narkose, Konstantin und ich auf das Besendern. Gelegentlich treffen sich unsere Blicke, und ich meine, etwas von der Ehrfurcht und Faszination, die ich selbst empfinde, in Konstantins Blick zu erkennen. Auch er hat sich in seiner Doktorarbeit dem Fuchs gewidmet. Noch ein Fan.

Ich probiere, wie das Halsband um Rudis Hals passt. Anschließend lege ich die losen Enden übereinander und verschraube sie vorsichtig mit den winzigen Schrauben und Muttern, die mir Konstantin aus dem Werkzeugkasten reicht. Nach einigen Minuten sorgsamen Schraubens ist das Halsband fest. Ich teste, wie gut es sitzt. Ist es nicht zu eng, aber auch nicht zu weit? Auf keinen Fall soll Rudi sich verletzen. Ich beschließe, den Sitz noch etwas zu verbessern, schraube alles wieder auf, und das Prozedere beginnt aufs Neue. Als ich überzeugt bin, dass das Halsband weder Rudi stören noch verloren gehen könnte, entferne ich die überstehende Schraube und feile alles glatt. Vorsichtig streife ich über die Haare unter dem fingerbreit sitzenden Senderhalsband und stelle sicher, dass kein Fell eingeklemmt ist. Der Sender passt gut, Rudi wird uns mitnehmen, wenn er heute Nacht geht.

Nun noch schnell ein paar Proben genommen, ein paar Haare in eine kleine Papiertüte gepackt, ein Abstrich der Mundschleimhaut für seine DNA genommen, und dann ist alles fertig. Ich lege die Falle dick mit dem mitgebrachten Heu aus. Rudi soll es warm haben und sich beim Aufwachen nicht am Holz stoßen.

Der letzte Punkt des Protokolls steht an: Rudi bekommt die passende Dosis des Antagonisten der Anästhetika gespritzt. Sanft hebe ich den kleinen Fuchs vom Boden und trage ihn zurück in die Falle, in der ich ihn vor einer guten Stunde gefunden habe. Ich kann die Wärme, die von dem kleinen Körper ausgeht, an meiner Brust spüren. Vorsichtig lege ich Rudi in das weiche Heu, bedecke seine Beine und seinen Bauch mit einer weiteren Portion Heu und schließe die Klappe. Anschließend klemme ich einen Stock unter die Metallbügel, die die geschlossenen Fallentüren normalerweise nach dem Herabsausen an Ort und Stelle halten und so verhindern, dass sie durch Druck von innen geöffnet werden können. Nun kann Rudi die Türen öffnen, indem er sich von innen dagegendrückt. Diese kleine Hürde hat den Vorteil, dass der Fuchs nach der Narkose wach und fit genug sein muss, um sich selbstständig aus der Falle zu befreien. Wären die Türen offen, hätte ich Sorge, er könnte in noch benommenem Zustand aus der Falle herauslaufen und sich so in Gefahr begeben.

Während Rudi langsam aufwacht, packe ich alles zusammen, was ich zuvor ausgebreitet habe. Die Tierärztin sammelt ihr Equipment ein, und Konstantin trägt die schweren Kisten zum Auto. Leise räumen wir hinter uns auf. Keine Spur soll von unserer Anwesenheit auf dem Friedhof in dieser Dezembernacht zeugen. Inzwischen bin ich ordentlich durchgefroren und beneide den Fuchs ein wenig um seinen dichten Pelz und das Bett aus Heu. Meine beiden Kollegen verabschieden sich und fahren nach Hause.

Ich stehe noch eine Weile in der Dunkelheit und betrachte die Falle in dem Bewusstsein, dass darin ein kleiner Fuchs namens Rudi liegt und in wenigen Stunden mit seinem neuen Datenrucksack losziehen wird. Es fällt mir schwer zu gehen. Als es mir endlich gelingt, mich von dem Moment zu lösen, nehme ich meinen Rucksack und mache mich auf den Weg zum Auto.

Zu Hause angekommen, kann ich nicht schlafen. Ich liege die ganze Nacht wach und denke an Rudi in meiner Falle. Vor meinem inneren Auge sehe ich wieder sein ruhiges Atmen, wie sich sanft sein kleiner Brustkorb hebt und senkt, und höre das leise Geräusch. Er sah so verletzlich aus. Ich frage mich, ob es ihm gut geht, ob der Sender wirklich gut sitzt (nicht, dass ich es nicht dreimal überprüft hätte). Ich wäre gerne dort geblieben, um zu sehen, wie er die Falle verlässt, um zu sehen, dass er in Ordnung ist. Ich weiß aber, dass meine Anwesenheit nur ein Störfaktor gewesen wäre.

Im Laufe der Zeit bin ich in meiner Arbeit mit den Füchsen immer routinierter geworden. Gemeinsam mit den Erlebnissen mit anderen Tieren, die ich als Biologin bisher studieren und in meinen Händen halten durfte, macht jeder Fuchs ein wenig erfahrener und ein wenig gelassener. Die erste Nacht nach einem Fang bleibt jedoch immer eine unruhige. Die Anspannung, bis ich den Fuchs zum ersten Mal wach und gesund wiedersehe, begleitet mich durch meine Träume. Denn auch wenn der Fuchs als Spezies nicht gefährdet ist und viele Tausend Tiere die Berliner Straßen und Grünflächen bevölkern, bin ich für »meine« Füchse verantwortlich, wenn ich sie in Händen halte – und ihre Leben sind kostbar.

Auf der Suche

Die Frage, wie es den Füchsen geht, begleitet mich also immer, und erst der nächste Morgen bringt (im besten Fall) Klarheit, wenn ich mit meiner Antenne losziehe, um den in der Nacht besenderten Fuchs zu suchen.

Die Halsbandsender der Füchse sind genau genommen keine GPS-Sender, sondern – Empfänger. Sie zeichnen rund um die Uhr in festgelegten Intervallen auf, wo sich die Füchse aufhalten, und speichern deren Positionen als GPS-Punkte. Für eine kurze Zeit des Tages emittieren sie zudem ein Signal, mit dessen Hilfe man die Füchse orten kann. Es ist eine Folge kurzer Pieptöne, die im Abstand von einer Sekunde erzeugt werden. Um sie hörbar zu machen, benötige ich einen Empfänger und eine angeschlossene Antenne. Auch der Fuchs hört die Signale nicht. Mit diesem Breitbandreceiver kann ich alle möglichen Frequenzen einstellen, ich könnte theoretisch auch Radio damit hören. Für die Fuchssuche muss er auf die Frequenz des jeweiligen Halsbandes eingestellt werden (etwa um 868 MHz), und dann versuche ich, das Signal des Fuchses zu finden.

Für jeden der besenderten Füchse ziehe ich pro Woche einmal los, um ihn zu suchen (zu telemetrieren) und seine Daten aus dem Halsbandsender auszulesen. Zwar droht der Speicher nach einer Woche nicht voll zu werden, jedoch finde ich die Füchse bei Weitem nicht immer, also muss ich erfolglose Suchen mitbedenken.

Nach einer ziemlich schlaflosen Nacht mache ich mich auf die Suche nach meinem ersten Fuchs Rudi und seinem Schlafplatz. Das Suchintervall, also der Zeitraum, in dem der Piepton für uns gesendet wird, ist bereits einprogrammiert: 8 Uhr UTC, das ist im Winter 9 Uhr mitteleuropäischer Zeit. Dann haben wir ein Zeitfenster von anderthalb Stunden, um Rudi zu finden. Um 8:45 Uhr stehe ich voller Hoffnung vor dem Friedhof, den Empfänger mit Antenne in der einen Hand, das Auslesegerät in der anderen, und warte auf Konstantin.

Wenn ich später weiß, wo die Füchse ihre Schlafplätze haben, kann ich mich allein und teils zu Fuß auf die Suche machen. Für die erste Suche, bei der wir nur den Fangort als Anhaltspunkt haben, ist das zu langsam. Da ich nie weiß, wo innerhalb ihres Reviers ich die Füchse gefangen habe – an einer zentralen Stelle oder vielleicht an einem nur selten besuchten Außenposten –, kann es manchmal eine Weile dauern, sie wieder zu entdecken. Je nach Fuchs und Lage des Fallenorts innerhalb des Reviers müssen wir bis zu acht Quadratkilometer abfahren, Straße für Straße auf der Suche nach dem erlösenden ersten »Piep«. Während einer fährt, kann der andere also die Antenne aus dem Fenster halten und auf das verheißungsvolle Piepen im Rauschen des Empfangsgeräts lauschen.

Ich habe mir eine Karte der Gegend ausgedruckt und ein Suchraster vorbereitet, das wir abfahren. Eine Weile geht es durch Wohnstraßen, an einem Wald entlang und bis zum Rand meines Suchbereichs, ohne etwas anderes zu hören als das beständige Rauschen, nur unterbrochen von gelegentlichem Krächzen oder winzigen, unregelmäßigen Phasen von Stille.

Dann, auf der zweiten Runde durchs Gebiet, bemerke ich eine gewisse Rhythmik im Rauschen. Es ist kein Ton im eigentlichen Sinne, vielmehr ist es die Abwesenheit bestimmter Komponenten des Rauschens, die ein wenig zu regelmäßig auftreten, um zufällig zu sein. Wir haben eine Spur!

Als Nächstes versuchen wir herauszufinden, wie sich das Geräusch verändert, wenn wir uns weiterbewegen. In eine Richtung ist die rhythmische Stille nicht mehr auszumachen, die gelegentlichen Unterbrechungen des Rauschens sind wieder zufällig und ohne System. Also zurück zum Ausgangspunkt und von da in die andere Richtung.

Und plötzlich wird das Signal deutlicher, die Pausen und leichten Veränderungen im Rauschen, die vorher nur zu erahnen waren, werden deutlich wahrnehmbar, und irgendwann ist ein leises »Tok, tok, tok, tok, tok« zu hören. Es klingt gar nicht wie ein Piepton, sondern vielmehr wie ein entferntes dumpfes Klopfen auf einen hölzernen Gegenstand. Nach und nach verwandelt es sich in ein Piepen, bis schließlich ein deutlicher heller Ton zu vernehmen ist. Rudi muss hier irgendwo sein!

Wir parken den Wagen und steigen aus, um zu Fuß weiterzusuchen. Wir befinden uns in einer typischen Wohnstraße in den Berliner Randbezirken. Ich lasse den Blick über vereinzelte Mehr- und Einfamilienhäuser mit Gärten schweifen. In einigen Fenstern brennt Licht, wenige Menschen sind draußen unterwegs, Autos parken entlang der Bordsteine. Absolut nichts verrät die Anwesenheit eines Fuchses.

Wir laufen durch die Straßen und folgen dem Signal. In einer kleinen Straße, die von frei stehenden älteren Wohnhäusern und dicht bewachsenen, etwas wilderen Gärten gesäumt ist, halten wir an. Hier ist das Signal laut und deutlich zu hören. Der stakkatoartige Piepton durchschneidet die kalte Morgenluft, und ich bin aufgeregt: Rudi ist hier.

Ich aktiviere das Auslesegerät, das die GPS-Ortungen aus dem Halsband herunterladen soll, und greife mir die damit verbundene Antenne. Im Gegensatz zur kleinen Antenne meines Signalempfängers handelt es sich dabei um eine große, lange Richtantenne, die nur in direkter Luftlinie zum Halsbandsender eine Verbindung herstellen kann. Langsam drehe ich mich mit der Antenne um die eigene Achse und starre gebannt auf das Display des Lesegeräts (das ist das gleiche Gerät, mit dem ich den Sender in der Nacht zuvor aktiviert habe). Plötzlich taucht eine Zahl am oberen Bildschirmrand auf. Keine weitere Information, nur diese eine Zahl: 4145. Rudis Sender.

Nach einigen Sekunden ploppen weitere Informationen auf, ich kann zusehen, wie die Menge der auf dem Halsband gespeicherten Daten langsam heruntergeladen wird, bis der Download abgeschlossen ist. Das war's also, ich halte die Wege von Rudis erster Nacht in meinen Händen. Während der kleine Fuchs vermutlich irgendwo in dem Garten vor mir unter einer Hecke döst, unbemerkt von Anwohnern und Nachbarn, krame ich aufgeregt das Notebook aus meinem Rucksack.

Die Daten aus der Speicherkarte des Lesegeräts auf meinen Rechner zu kopieren, die Kartensoftware zu öffnen und die Punkte zu laden dauert ewig – zumindest kommt es mir so vor. Ich sehe die nackte Berlinkarte, herangezoomt auf den Häuserblock, in dem wir gerade stehen, und dann tauchen vor meinen Augen plötzlich lauter kleine bunte Punkte auf. Die Punkte sind mit Linien verbunden, in der Reihenfolge, in der sie entstanden sind. Ich sehe eine große Punktwolke auf dem Friedhof, wo wir Rudi besendert haben, und dann den ersten Punkt, der sich von dort wegbewegt. Die Spur führt durch verschiedene Gärten, entlang von kleinen Wohnstraßen bis zu einer weiteren Punktwolke, wo Rudi wohl ein Nickerchen eingelegt hat. Anschließend geht es kreuz und quer durch den Kiez. Ich sehe Punkte mit langen Linien dazwischen, wo Rudi offenbar zügigen Schrittes unterwegs war, kurze Linien zwischen dicht aufeinanderfolgenden Punkten, wo er möglicherweise etwas gesucht oder Nahrung gefunden hat, und dann wieder Wolken von Punkten, die spannende Orte oder Ruheplätze offenbaren. Der Weg endet in einer Punktwolke in der Ecke eines Gartens. In dem Garten, auf den ich über meinen Computer hinweg blicken kann. Nun weiß ich genau, unter welchem der Sträucher Rudi schläft und welche Wege ihn dorthin gebracht haben. Es ist beeindruckend. Hat mir zuvor schon das ungefähre Wissen um den unsichtbaren Fuchs direkt vor mir in seinem Versteck auf seltsame Weise ein Gefühl von Vertrautheit gegeben, so lässt mich dieser detaillierte Einblick in seine Wege der vergangenen Nacht mit einem tiefen Gefühl der Verbundenheit zurück.

Im Laufe des Projekts verfolge ich unzählige Fuchswege. Ich studiere Karten und laufe die Wege der Füchse nach. Ich sehe mir die Schlafplätze bei Nacht näher an, wenn die Füchse unterwegs sind, und versuche herauszufinden, warum sie diesen oder jenen Ort so spannend finden. Natürlich sehe ich auch die Füchse selbst im Laufe der Zeit immer wieder, besuche sie, wenn sie aktiv sind, um einen kurzen direkten Blick zu erhaschen, um sie heimlich ein wenig zu beobachten und um zu überprüfen, ob sie wohlauf sind.

Einmal beobachte ich einen Fuchs aus einiger Entfernung an einem seiner Tagschlafplätze. Es ist außerhalb seiner üblichen Aktivitätszeit, und ich bin zum Auslesen des Senders gekommen, habe jedoch nicht mit einer Begegnung gerechnet, da ich den Fuchs schlafend vermutete. Der Rüde namens Kalle hat vier Schlafplätze, verteilt über sein recht zentral im Stadtgebiet gelegenes Revier, doch dies ist sein Lieblingsschlafplatz. Auf einer großen Sportanlage direkt neben einem Fußballfeld zieht sich am Außenzaun des Geländes ein Streifen dichter Hecken entlang. Eine große alte Hecke direkt an der Ecke des Platzes nutzt der Fuchs gerne als Tagesversteck.

An diesem Morgen sehe ich ihn jedoch ganz unerwartet auf dem Spielfeld sitzen, kerzengerade auf der Torlinie des leeren Feldes. Er beobachtet eine Gruppe Nebelkrähen dabei, wie sie auf dem Rasen auf und ab hüpfen und nach Essbarem suchen. Es scheint ihn irgendwie zu faszinieren, was die großen Vögel da machen. Obwohl Füchse gelegentlich unachtsame oder verletzte Nebelkrähen verspeisen, macht er an diesem Morgen keinerlei Anstalten, die Vögel zu jagen. Sein Interesse scheint ausschließlich ihrer Beobachtung zu gelten. Ich sehe ihm eine ganze Weile zu, wie er den Krähen zusieht, bevor er sich irgendwann trollt.

Es ist nur eine Begegnung unter vielen, und sie liegt mittlerweile schon mehrere Jahre zurück, doch ich erinnere mich daran, als wäre es gestern gewesen. Die Füchse im Allgemeinen und die, deren Schicksale ich verfolge, im Besonderen haben sich tief in meine Erinnerung eingeprägt. Es ist eine intensive Beziehung, die zwischen mir und den Füchsen entsteht, wenn ich Woche für Woche ihres Lebens verfolge – auch wenn diese Verbindung natürlich immer nur einseitig ist und bleiben soll. Genau das haben meine Kollegen und ich ja zu erreichen versucht: einen tiefen Einblick zu gewinnen, ein besseres Verständnis zu entwickeln, ohne uns dem Fuchs aufzudrängen.

Die Füchsin, die mir über die Jahre am meisten ans Herz gewachsen ist, ist Gerlinde. Sie ist eine vierjährige Fuchsfähe und der zweite Fuchs, den ich fange. Ich bin genauso aufgeregt wie bei Rudi – besonders als ich sie bei meiner Suche mit der Antenne weder am nächsten noch am übernächsten Tag finden kann.

Manchmal leben Füchse nicht dort, wo ich sie gefangen habe, sondern treiben sich außerhalb ihres Reviers herum. Ein Fuchs, den ich im Garten meines Forschungsinstitutes fange, lebt beispielsweise gar nicht in dieser Gegend. Sein Besuch in meiner Falle ist ein zumindest in der Zeit der Besenderung einmaliger Ausflug. Entsprechend suche ich ziemlich lange, bis ich ihn wiederfinde.

Gerlinde habe ich jedoch mitten auf einer Grünfläche gefangen, die ein ideales Fuchsrevier bietet, und bei einer Fähe im vierten Lebensjahr ist zu erwarten, dass sie dort tatsächlich lebt. So wächst also meine Sorge. Ich frage mich, ob wohl die Falle und alles dort Erlebte eine so negative Erinnerung hinterlassen haben könnten, dass sie ihr Revier aufgegeben hat.

Nach einigen Tagen nehme ich nach einer erneuten erfolglosen Suche die Speicherkarte der Wildkamera an Gerlindes Falle mit nach Hause. Zunächst sehe ich einige Aufnahmen von wogendem Gras, dann kommt plötzlich ein Fuchs ins Bild gelaufen. Genau genommen trottet er eher gemächlich daher. Er geht zur Falle, nimmt ein paar Stücke Hundefutter ins Maul und lässt sich dann direkt neben der Falle ins Gras sinken, um seinen Fund genüsslich zu verspeisen. Zwischen dem dichten Fell an seinem Hals prangt eine kleine graue Messeinheit an einem schwarzen Band …

Gerlinde nimmt mir mit ihrem Besuch einen großen Stein vom Herzen. Ein Jahr lang ermöglicht der Halsbandsender mir, ihre Wege zu verfolgen, und dabei finde ich auch heraus, warum ich sie während meiner Suche am Tag nie finden kann. Im Gegensatz zu den meisten Füchsen, die sich tagsüber in ihre üblichen Verstecke zurückziehen, ist Gerlinde unterwegs. Meist stromert sie durch die angrenzende Kleingartenanlage auf der Suche nach Futter.

Noch lange nachdem der Sender seinen Dienst getan hat, besuche ich Gerlinde. Ich sehe sie zwei Jahre in Folge ihre Jungtiere aufziehen, und sie ist der einzige Fuchs, den ich im Laufe meiner Forschungen beobachten kann, von dem ich weiß, dass er noch heute unter uns weilt.

Es ist schon enorm, wie sehr uns der technische Fortschritt dabei geholfen hat, das Verhalten von Tieren zu erforschen. Die Bandbreite dessen, was technisch möglich ist, hat sich in den letzten Jahrzehnten enorm erweitert, und der Einsatz von GPS-Sendern gehört inzwischen zum wissenschaftlichen Standard. Während ich Füchse besendere, studieren zwei meiner Kolleginnen Waschbären und Wildschweine. Die Wildschweinsender sind freilich deutlich schwerer als die kleinen, leichten Fuchshalsbänder und so groß, dass ein Fuchs bequem hindurchgehen könnte. Meine Freundin Manuela nimmt mich gelegentlich mit, wenn sie Habichte besendert. Die großen Greifvögel bekommen statt eines Halsbandes einen Rucksack auf den Rücken, der es dank Solarpaneelen ermöglicht, die Vögel über lange Zeiten zu verfolgen. Das ist ein echter Vorteil für das Tracken von Wildtieren, denn noch immer sind die Batterie und ihr Gewicht der limitierende Faktor bei der Besenderung. Für den Fuchs, der sich verborgen durch Hecken und Sträucher bewegt, sind Solarmodule keine allzu hilfreiche Option, für das Besendern von Vögeln hingegen schon. So können wir viel über ihr Zugverhalten lernen, über die Orte, an die sie ziehen, ebenso wie die Routen, die sie wählen, die Rastplätze, die sie möglicherweise auf ihren teils Tausende Kilometer langen Wegen anfliegen, und die Strategien, die sie entwickelt haben, um diese atemberaubende Leistung erbringen zu können.

An die glatte Haut geklebte Sender verfolgen weltweit die Wanderrouten von Haien, Walen und Delfinen, und winzige Sender auf dem Rücken geben Einblicke in die Zugrouten der Fledermäuse. Aber nicht nur Langstreckenbewegungen lassen sich mit GPS-Tags erforschen. Die Besenderung aller Mitglieder großer Affenclans hat auch neue Erkenntnisse über die sozialen Strukturen innerhalb deren Gemeinschaft gebracht. Besenderte Kühe in Weidehaltung können gesundheitlich überwacht werden, da Veränderungen in Bewegungsabläufen häufig Hinweise auf körperliche Beschwerden liefern, und eine große Studie an Hauskatzen hat gezeigt, wie genau die Tiere es mit ihren Revieren nehmen und welchen Einfluss sie auf unsere heimische Fauna haben können.

Neben wichtigen Daten für die Grundlagenforschung, den Naturschutz und die Landwirtschaft kann das Tracken von Tierbewegungen auch die Erforschung von Krankheitsgeschehen und -verbreitungen erleichtern. Es kann bei der Erforschung von Klima- und Erdbebenereignissen helfen oder die Herden von Kleinbauern in ärmeren Regionen vor Raubtieren schützen und so Mensch-Wildtier-Konflikte reduzieren und zum Beispiel zum Schutz seltener Großkatzen beitragen. Die Anwendungsmöglichkeiten sind vielfältig.

Neben klassischen GPS-Tags sind inzwischen auch andere Technologien für das Tracken von Tierbewegungen im Einsatz. Auf überschaubarem Raum lassen sich kleine Tiere wie Mäuse mithilfe von RFID-Chips (die auch bei unseren Haustieren zum Einsatz kommen) und den dazugehörigen Auslesespulen verfolgen. Das ICARUS-System verbindet eine Einheit auf der Raumstation ISS mit einem Rechenzentrum und unzähligen kleinen Empfänger-Sender-Einheiten, die die Bewegungen der sie tragenden Tiere in einer großen Datenbank, der Movebank, speichern (in der übrigens auch »meine« Füchse ihre Spuren hinterlassen haben). Das ATLAS-System, das nicht mit Satelliten, sondern mit Bodenstationen arbeitet, ermöglicht es, nur ein Gramm schwere Tags zu nutzen und so beispielsweise auch kleine Singvögel zu besendern und deren Bewegungen live zu verfolgen. Mithilfe von verbesserten Batterien und Solarmodulen im Allgemeinen können wir manche Tiere ein Leben lang begleiten.

Ich bin froh, dass dieser technische Fortschritt auch mir erlaubt, tiefer in das Leben der Füchse einzutauchen. Während sich Macdonald und seine Kollegen mit einigen Dutzend Ortungspunkten aus der Kreuzpeilung begnügen mussten (und dennoch Wichtiges für die Fuchsforschung geleistet haben), kann ich in Abertausenden von kleinen Punkten den Tagesablauf eines einzelnen Fuchses Meter für Meter der zurückgelegten Strecke nachvollziehen.

An diese vielen wertvollen Daten heranzukommen ist indes mit einigem Mehraufwand verbunden, als die scheinbar paradiesischen technischen Möglichkeiten verheißen. Während das Telemetrieren nämlich an sich prima funktioniert, ergeben sich in der Stadtökologie einige Hürden bei der praktischen Anwendung. Das reicht von kurzen, harmlosen Unterbrechungen durch neugierige menschliche Stadtbewohner, die mich unterwegs ansprechen, über Verschwörungsgläubige, die sich überwacht fühlen und mich offen anfeinden, bis hin zu technischen Problemen.

So werde ich gelegentlich mit meiner Antenne der Spionage und anderer geplanter Verbrechen verdächtigt, belächelt oder verwundert angestarrt. Letzteres kann man den Leuten jedoch kaum verübeln. Ich kann mir gut vorstellen, dass der Anblick einer telemetrierenden Biologin mit einem Empfänger und emporgereckter kleiner Antenne in der Hand, dem Auslesegerät um den Hals und der langen Richtantenne auf dem

Rücken für Außenstehende komisch ist. Besonders wenn ich mich mit all dem Equipment zwischen grillenden und auf Decken in der Sonne fläzenden Städtern im Park oder durch Grabreihen eines Friedhofs bewege. Ich selbst bin dabei ganz in meine Suche versunken. Ich finde das Telemetrieren spannend. Es ist wie eine große Schnitzeljagd mit einer Fuchsbegegnung als Schatz am Ende der Suche. In meinem Kopf sind da nur ich und der Fuchs, den ich aufzuspüren versuche. Ich bin konzentriert und fokussiert mit einer klaren Mission.

Außenstehende sehen indes vermutlich nur eine lächerlich wirkende Gestalt, behängt mit allerlei rauschendem und piependem Gerät, den Arm mit der Antenne emporgereckt und kreisend, scheinbar ziellos durch die Gegend irren. Es mag daher wirklich nicht verwundern, dass ich beim Telemetrieren in der Stadt so argwöhnisch beäugt werde. Wenn ich allerdings bedenke, wie viele Stunden ich im Laufe der Jahre mit dem Telemetrieren teils in gut belebten Stadtgebieten verbringe, kommt es zu erstaunlich wenigen Auseinandersetzungen mit interessierten Bürgerinnen und Bürgern. Je zentraler in Berlin ich unterwegs bin, desto weniger Beachtung schenkt man mir. Da werden die Berliner und Berlinerinnen ihrem Ruf gerecht, gelassen mit den verrücktesten Dingen umzugehen. Ein Komiker hat über die Hauptstadt mal treffend gesagt, hier könne ein brennender Bär auf einem Einrad vorbeifahren, und keiner würde mit der Wimper zucken. Wohl wahr …

Oft weiß ich nach einiger Zeit, wo die verschiedenen Ruheplätze der Füchse sind, und kann diese gezielt ansteuern. Ich mache Empfänger und Antenne bereit und ziehe los. Sobald das rhythmische Piepen im Abstand von einer Sekunde zu hören ist, bin ich auf der richtigen Spur. Nun muss ich diesem Signal nur noch folgen. Theoretisch.

In der Praxis kann die Suche nach Füchsen eine echte Geduldsprobe sein. Denn was auf offener Fläche gut funktioniert, bringt in der Stadt gewisse Komplikationen mit sich. Auf freien Flächen wie Wiesen und Feldern trägt das Signal über große Entfernungen und ist schon ab einigen Hundert Metern Entfernung zum Halsbandsender oft klar und deutlich vernehmbar. Doch in der Stadt verursachen verschiedenste Quellen Störgeräusche und Interferenzen. Manchmal tönt es unerwartet laut und schrill aus dem Empfänger. Häuser, Zäune, Autos und alles Massive lenken das Signal ab, sodass es gleichzeitig von überallher zu kommen scheint und sich einfach keine Richtung ausmachen lässt. Oder die Signale werden gänzlich blockiert: ein Schritt um eine Häuserecke, und es ist plötzlich stumm. Selbst wenn es irgendwie gelingt, doch noch eine Richtung auszumachen und dem Signal zu folgen, endet die Suche häufig an der nächsten Mauer oder Grundstücksgrenze, und es ist kein Weiterkommen. In der Stadt strandet man beim Telemetrieren eigentlich ständig an irgendwelchen Barrieren und muss mit langen Umwegen versuchen, die Signale auf der anderen Seite der Barriere wiederzufinden. So verbringe ich viele, viele Stunden auf der Suche nach den Füchsen, klettere auf Mauern, krieche durch Nischen oder hänge mich, so weit ich kann, über Zäune, um vielleicht doch ein Signal für den Datendownload zu erhaschen.

Ich erinnere mich gut an das Gefühl, mein Arm werde gleich abbrechen, als ich, im Revier der Füchsin Hazel auf einer Autobahnüberführung stehend, nur dann ein Signal bekomme, wenn ich die Antenne so weit wie möglich über das Geländer hinaus und in die Luft recke. Es gibt schlicht keine Möglichkeit, näher an Hazel heranzukommen, als diese Brücke. Bei schlechter Datenverbindung und entsprechend langsamem Download muss ich in der richtigen Position einfrieren und die Antenne teils bis zu zwanzig Minuten in der gleichen Position halten. Will ich den Arm entlasten und die Seite tauschen, riskiere ich einen Signalabbruch – ein stetig wiederkehrendes Erlebnis in Hazels Revier.

Ich erinnere mich aber auch an das triumphale Gefühl nach dem Download großer Datenmengen, wenn ich die Füchse einige Wochen nicht habe finden können, und natürlich an die kleinen und größeren Missgeschicke bei der Suche nach ihnen.

Einen solchen glorreichen Moment erlebte ich beim Telemetrieren eines Fuchsrüden in Berlin-Tempelhof: Der etwas umtriebige Jack hat mal wieder seinen Bewegungsradius verändert, und ich versuche herauszufinden, wohin es ihn verschlagen hat. Ich bekomme zwar ein deutliches Signal von meinem Receiver, kann es aber nicht so recht einer konkreten Richtung zuordnen. Wann immer ich denke, die Richtung ausgemacht zu haben, wird das Signal wieder schwächer, sobald ich mich vermeintlich darauf zubewege. Hinter einem Eisstadion sehe ich einen Hügel mit einer steilen, zugewachsenen Böschung. In der Hoffnung, von dort oben ein besseres Signal zu bekommen, klettere ich den

Hügel hinauf und kämpfe mich mit Antenne und technischem Gerät durchs Gestrüpp, womit ich bereits interessierte Blicke auf mich ziehe. Vernünftige Passanten fragen sich in dem Moment vermutlich – nicht ganz zu Unrecht –, welchen Zweck das beobachtete Unterfangen wohl hat. Oben angekommen, strecke ich den Arm, so weit ich kann, drehe mich langsam im Kreis und konzentriere mich mit geschlossenen Augen auf das Signal. Ich stelle die maximale Lautstärke ein und will noch ein kleines bisschen die Frequenz variieren, um vielleicht doch noch ein wenig Schärfe aus dem Signal zu kitzeln, da drücke ich versehentlich die falsche Taste, und plötzlich ertönt laute Jazzmusik aus meinem Receiver. Die Geheimnisse von Jack bleiben an diesem Tag leider unentdeckt, aber zumindest bringe ich einige Menschen zum Lachen.

Ein anderes Mal bin ich mit dem Auto unterwegs. Wenn die Füchse ihre Aktivitäten verlagert haben oder ich sie länger nicht an altbekannter Stelle angetroffen habe, muss ich wieder vom Auto aus suchen. An diesem Tag begleitet mich ein japanischer Filmkünstler. Er ist auf der Suche nach Material für ein abstraktes Video-Kunstprojekt zur Koexistenz von Mensch und Wildnis und will mich auf meiner Fuchssuche begleiten (nur eine der vielen und vielfältigen Anfragen von Kinderradiosendungen über Fuchs-Bildmaterial für Theaterbühnenbilder bis hin zur Beratung von Schauspielern für die richtige Performance als Tier). Ich habe ihm gesagt, dass wir vermutlich keinen Fuchs sehen werden, aber er steht ganz am Anfang seiner Projektidee, findet die Suche als solche interessant und will wohl vor allem erste Eindrücke für den kreativen Prozess sammeln – also nehme ich ihn mit. Wir fahren langsam durch die Straßen, und ich habe Empfänger und Antenne im Seitenfenster der Fahrerseite festgeklemmt, da ich das Auto fahren muss. Als sich die Antenne durch eine Unebenheit in der Straße verdreht und meine Konstruktion sich zu verabschieden droht, nehme ich das Gerät in die Hand. In Schrittgeschwindigkeit fahren wir nun die Straße hinunter, und ich halte mit der einen Hand Empfänger samt Antenne aus dem Fenster, während ich mit der anderen Hand das Auto steuere.

Dann fällt mir der Polizeiwagen hinter mir auf. Bevor ich den Gedanken zu Ende denken kann, dass Telemetrieren am Steuer vermutlich nicht der StVO entspricht und vermutlich ebenso wenig klug ist, werden wir auch schon gebeten anzuhalten. Die Polizisten, die zunächst vermutet haben, ich hätte ein Handy in der Hand gehalten, sind aber glücklicherweise viel zu neugierig auf das, was ich da mache, um wirklich verärgert zu sein. Ich erkläre, was Wildtier-Telemetrie ist, und entschuldige mich für meine Unbedachtheit – es ist dann doch etwas anderes, ob man in weiter Flur oder in der Stadt aus dem Auto heraus telemetriert.

Als ich erzähle, wen ich suche, erfahre ich, dass die Polizisten ihren Kiezfuchs häufiger abends auf Streife beobachten und sie ihn durchaus mögen. Vielleicht hat der Fuchs die beiden Ordnungshüter versöhnlich gestimmt, vielleicht meine aufrichtige Entschuldigung, jedenfalls darf ich weiterfahren – ohne zu telemetrieren, versteht sich –, und die Polizei wünscht mir viel Erfolg bei meiner Suche.

FOX FUN FACT

Ein Ei dem anderen

Füchse zeigen keinen ausgeprägten Geschlechtsdimorphismus. Das heißt, männliche und weibliche Füchse lassen sich optisch nicht gut unterscheiden. Bei vielen Säugetieren sind die Geschlechter deutlich an äußeren Merkmalen zu erkennen, man denke nur an Hirsch und Hirschkuh oder Löwin und Löwe. Doch auch wenn die Männchen häufig etwas schwerer sind, ist das bei Füchsen schwieriger. Ebenso ähneln sich einzelne Tiere häufig sehr, weshalb wir manchmal glauben, ein und derselbe Fuchs besuche unseren Garten mehrmals pro Woche – dabei schaut die ganze Fuchsfamilie vorbei.

Aus dem Leben meiner Füchse

Auch wenn einige Füchse monatelang um die Fallen schleichen, bevor sie sie betreten, und ich anderer nie habhaft werden kann, trotz vieler schlafloser Nächte mit Waschbären und anderen Wildtieren in meinen Fallen und vieler erfolgloser Stunden Telemetrie ist der Einblick in das Leben der Füchse großartig. Insgesamt trugen siebzehn Füchse über vier Jahre einen Sender. Siebzehn Tiere in unterschiedlichen Stadtvierteln, vom Waldrevier über idyllisch überwuchertes Brachland bis hin zu hoch verdichteten Innenstadtgebieten. Aus meinen Fuchsbeobachtungen, Tausenden von Wildkameraaufnahmen und Hunderttausenden von Ortungen entstehen in meinem Geiste die unterschiedlichsten Fuchswelten. Je nachdem, in welchem Bereich der Stadt »meine« Füchse leben, verändert sich die Umgebung, durch die sie sich bewegen, der Anteil an Grünflächen und Vegetation in ihrem Revier, die verfügbare Nahrung, die Versteckmöglichkeiten und auch die Gefahren, denen sie ausgesetzt sind. Lassen Sie uns gemeinsam in die Welten dreier Füchse eintauchen.

Q

Die Halbinsel Stralau gehört zum Berliner Bezirk Friedrichshain-Kreuzberg. Unweit des Ostkreuzes, einem der größten Umsteigebahnhöfe der Stadt, ragt die Landzunge zwischen Spree und Rummelsburger Bucht. Sie ist benannt nach dem Dorf Stralow, welches bereits 1920 Teil Groß-Berlins wurde. Menschen gibt es auf der damals noch bewaldeten Halbinsel wohl schon sehr lange, wie archäologische Funde aus Steinzeit, Bronzezeit und Eisenzeit nahelegen. Bis Ende des 19. Jahrhunderts waren es jedoch wenige, und die Halbinsel war noch überwiegend von Grün geprägt. Die Anwohner lebten vom Fischfang, es entwickelte sich eine Segelsportkultur, und erste Berliner hatten Sommerhäuser auf der Stralau. Da sich das Gesicht der Halbinsel durch die Industrialisierung stark veränderte – es entstanden ein Glaswerk, eine Brauerei, Bootswerften, eine Teppichfabrik, eine Jutespinnerei und Weberei, eine Asphaltfabrik, Mörtelwerke, eine Maschinenfabrik sowie Werkswohnungen für deren Arbeiter –, kennen viele Berliner die Stralau heute vor allem als Industriebrache. Denn spätestens nach der Wende wurden die meisten Anlagen geschlossen, und bis zum Jahrtausendwechsel bildeten die zentralen Brachflächen Lebensraum für viele Wildtiere, darunter auch Füchse.

In den letzten zwanzig Jahren wurde das Gebiet nach und nach dicht bebaut und hatte 2018 bereits fast 5000 Einwohner (1817 waren es noch 76). Bis auf einen kleinen Park, den historischen Friedhof und eine überschaubare Kleingartenanlage wird die Halbinsel inzwischen überwiegend von Wohnhäusern dominiert.

So hat die Füchsin Q (benannt nach dem ominösen und allmächtigen Wesen aus »Star Trek – The Next Generation«) die einzige verbliebene Brachfläche mitten im Häusermeer der nordwestlichen Insel als Rückzugsfläche und Tagschlafplatz ausgewählt. Ihr Revier ist klein, sie kann es problemlos mehrfach auf einer einzigen nächtlichen Tour umrunden. Statt weite Distanzen zurückzulegen, bewegt Q sich kleinräumig und durchquert manche Straße öfter. Ihr Lebensraum formt ihre Lebenswirklichkeit, die belebte Umgebung begrenzt ihre Rückzugsorte und bestimmt ihren Tag.

Während überall um sie herum Menschen in ihren Wohnungen und Häusern schlafen gehen, beginnt für die Füchsin der Tag. Es ist 22 Uhr an einem Frühjahrsabend, und die zierliche Fähe, die bereits ihre ersten zwei Jahre auf diesem urbanen Pflaster hinter sich gebracht hat, verlässt vorsichtig ihren Schlafplatz. Das von Sträuchern zugewucherte Brachgelände ist eingezäunt, und so ist sie vor unerwünschten Besuchern geschützt. Durch ein Loch im Zaun, welches durch die vielen Durchquerungen der Füchsin bereits leicht aufgebogen ist und bei genauem Hinsehen ein paar rostrote Haare offenbart, betritt sie den Bordstein. Tagsüber ist hier die Hölle los, viele Menschen bewegen sich auf diesem Gehweg, wenn sie die Halbinsel auf ihrem Weg zur Arbeit verlassen, und Familien mit Kindern sind unterwegs zum Wasser.

Die Füchsin orientiert sich nach Osten und folgt dem Weg, den die Familien Stunden zuvor genommen haben. Nach einigen Hundert Metern schleicht sie leise um die nächste Ecke und wirft prüfend einen Blick in die Häuserschlucht. Die Straße ist menschenleer, und so verfällt Q in einen leichten Trab. Zwischen mehrstöckigen, teils beleuchteten, sich teils schwarz abzeichnenden Wohnanlagen geht es nach Norden. Sie läuft auf dem Bordstein und hält sich nahe an den Autos, die ihr Deckung bieten, falls doch plötzlich ein Mensch oder eine andere Gefahr auftauchen sollte.

Am Ende der Straße biegt sie ab, läuft auf eine eingezäunte Fläche zu und drückt sich unter einem metallenen Tor hindurch. Statt Asphalt spürt sie nun Rindenmulch und dann Sand unter ihren empfindlichen Pfoten, sie ist auf dem Spielplatz angekommen. Ihre feine Nase hilft ihr, zwischen unbewegten Schaukeln und stillstehenden Wippen Essensreste aufzuspüren, die die Kinder zurückgelassen haben. Hier ein angebissenes Butterbrot, da ein Apfelkerngehäuse. Unter Parkbänken und um die Mülleimer herum findet sie die meiste Nahrung.

Als sie den Spielplatz aufgeräumt hat, erspäht Q eine Ratte, die sich ebenfalls nach Essbarem umsieht und sich über einige Kekskrümel hermacht, die die Füchsin nicht beachtet hat. Langsam schleicht sie sich an die Ratte an. Kurz bevor sie sie erreicht, friert sie ein und spannt sich an. Dann eine blitzschnelle Bewegung nach vorne, und die Ratte baumelt aus ihrem Maul. Zufrieden verlässt Q den Spielplatz mitsamt ihrer Beute in Richtung Osten.

Das Ufer der Rummelsburger Bucht ist nun direkt vor ihr. Schwarz und ruhig liegt das Wasser da, während das Ufer von Straßenlaternen erleuchtet wird. Man hört das leise, sanfte Plätschern, das entsteht, wenn winzige Wellen gegen die Böschung rollen. Es ist relativ still, die Wasservögel haben sich zurückgezogen, und nur im Hintergrund ist das Rauschen des nächtlichen Straßenverkehrs auf der großen Bundesstraße in einigen Hundert Metern Entfernung zu hören. Auf der anderen Seite der Bucht sind ein paar Lichter in den Fenstern der Menschen zu sehen, und über den Dächern der Häuser erzeugen sie zusammen mit Straßenlaternen, Werbetafeln und Schaufensterbeleuchtungen dieses eigentümlich rötlich gelbe Glühen am Nachthimmel, das dafür sorgt, dass es hier, tief im Inneren der Stadt, niemals richtig dunkel wird.

Q hält kurz inne und lässt den Blick über das Ufer schweifen, sie folgt der Uferlinie einige Meter gen Osten und biegt dann scharf nach Süden ab. Hinter einer dichten Heckenreihe liegt die Kleingartenanlage. Sie drückt sich durch einen Spalt zwischen Tor und Zaun und sucht sich ein ruhiges Plätzchen in einem der Gärten. Trotz der großen Ratte, die sie noch immer trägt, bewegt sie sich geschmeidig durch Hecken und Abgrenzungen zwischen den Gärten. Auf einer Gartenliege, die von ihren Besitzern noch nicht wieder für den sommerlichen Einsatz gereinigt und mit Polstern versehen wurde, lässt sie sich zum Fressen nieder. Nachdem sie die Ratte verspeist hat, zieht sie weiter.

Im Laufe dieser Nacht muss Q noch einige weitere Nager fangen und Mahlzeiten einlegen. Mit etwas Glück erwischt sie genug, um etwas mitzunehmen und in der Nähe ihres Unterschlupfes zu vergraben. Denn sie muss nicht nur für sich selbst sorgen, sondern auch für die ungeborenen Welpen in ihrem Bauch.

Früh am Morgen zieht sich die Füchsin mit der aufgehenden Sonne wieder auf ihre sichere Insel im Häusermeer zurück. Auf der kleinen Brachfläche liegt sie eingekugelt zwischen dichten, von Brombeeren überwachsenen Sträuchern, unsichtbar für ihre menschlichen Nachbarn. Und während im Hintergrund die Züge am Ostkreuz anrollen, schläft sie ein.

Gerlinde

In einer anderen Ecke der Stadt bewegt sich an einem Sommerabend Füchsin Gerlinde durch ihr Revier. Gemeinsam mit ihrem Partner, einem schlanken, rötlich grau gefärbten Rüden, ihren Welpen und ihren Töchtern aus dem letzten Jahr lebt sie auf einem Betriebsgelände. Das große, lang gezogene Grundstück liegt zwischen Wohnsiedlungen mit Einfamilienhäusern und Gärten, einem Waldstück und einer großen Kleingartenanlage. Ganz vorne, wo es an die Straße grenzt, stehen einige Häuser. Dort arbeiten tagsüber Menschen, nachts aber sind die Gebäude verlassen, und niemand betritt das Gelände zu dieser Stunde.

Große Teile der Fläche scheinen völlig unberührt von menschlichem Einfluss. Die technischen Anlagen befinden sich im Untergrund des Geländes und oberirdisch. In der Welt der Füchse verschwinden sie unter Wiesen, Hecken und Sträuchern oder kleinen bewaldeten Inseln mit altem Baumbestand. Während im Frühsommer der Duft von Flieder in der Luft hängt, tragen im Spätsommer und im Herbst die vielen Obstbäume und Sträucher Früchte und bieten Nahrung in Hülle und Fülle. Hier wachsen wilde knorrige Apfelbäume, und Birnen, Kirschen, Pflaumen und ein Meer aus Brombeerhecken versprechen reichlich süße Nahrung für die vielen Vögel, Igel, Waschbären und natürlich Füchse. Im ungemähten Gras sind so viele Mäuse aufzustöbern, dass es wenig verwundert, dass hier neben Gerlindes Familie noch weitere Fuchsfamilien leben.

Wie der Marktplatz in einer Kleinstadt scheinen die Reviere der verschiedenen Familien sternförmig von dem friedlichen Gelände auszugehen und sich in die umliegenden Wohngebiete zu erstrecken. So hat jede Familie ein kleines Stück vom Paradies, in dessen Sicherheit sie sich zurückziehen kann. Vielleicht sind die anderen Füchse Verwandtschaft von Gerlinde, eine Großfamilie, die sich dieses Idyll untereinander aufgeteilt hat. Das Leben von Gerlinde sieht entsprechend ganz anders aus als das ihrer Artgenossin Q auf der Stralau.

An diesem frühen Sommerabend ist Gerlinde gerade von einer Tour über das Gelände zurückgekehrt. Sie war »Fuchszeitung« lesen, indem sie durch ihr Revier geschlendert ist und hier und da an den Markierungen ihrer Artgenossen geschnuppert hat, um die neuesten Informationen aus der Sippe zu erhalten. Ihre Jungtiere hat sie in der Nähe des Hauptbaus zurückgelassen.

Der große Bau mit den vielen Korridoren und Ausgängen dient als Kinderstube der späteren Tage. Die Geburt und die ersten Wochen hat Gerlinde in einem kleineren Erdbau verbracht, der geschützt tief im undurchdringlichen Gestrüpp verborgen liegt. Erst als ihre Welpen etwas größer waren und nach draußen drängten, ist sie mit ihnen umgezogen. Der Hauptbau liegt weithin sichtbar auf einer großen offenen Wiesenfläche und bietet viel weniger Deckung. Doch da die Welpen seit einigen Wochen lernen, sich selbst mit Nahrung zu versorgen, ist er ideal. Die Kleinen finden reichlich Insekten im Gras, sie lernen, Heuschrecken zu fangen, Regenwürmer aus dem Boden zu ziehen, und werden an die Mäusejagd herangeführt.

Nach einem ausgedehnten Nickerchen im Halbschatten eines Hagebuttenstrauchs streckt sich die kräftige Fähe und trottet los. Das von der Sonne getrocknete Gras knistert leise unter ihren Schritten. Der Wind weht die Zweige einer alten Weide sanft hin und her, und Vogelgezwitscher liegt in der Luft. Ihren feinen Ohren entgeht jedoch auch nicht das Rauschen der Autobahn, die nicht weit entfernt hinter der Lärmschutzwand vorbeiführt.

Während Gerlinde sich auf den Weg zur benachbarten Schrebergartenanlage macht, ist der Familienvater mit den Welpen anderswo im Revier unterwegs. Gerlinde läuft auf altgedienten Pfaden in Richtung des Zauns, der das Betriebsgelände von der benachbarten Kleinanlage trennt. Ihre Pfoten, die Pfoten vieler Füchse und ganzer Fuchsgenerationen vor ihr haben deutliche Trampelpfade auf dem Gelände hinterlassen. Ausgetretene Wege durch das Gras entstehen jedes Jahr aufs Neue, während sich Tunnel durch dichte

Hecken allerorts tief eingefurcht haben. Am Zaun angekommen, schlüpft die Füchsin durch einen der vielen Durchgänge, die im Laufe der Jahre angelegt wurden, und befindet sich in der Gartenanlage. Es ist warm und noch hell, es sind noch Menschen in den Gärten aktiv. Sie grillen, hören Musik, ihre Kinder spielen in Planschbecken und auf Trampolinen.

Einigermaßen unsichtbar bewegt sich Gerlinde durch die Gärten, drückt sich durch Hecken und Zäune. Viel Mühe gibt sie sich jedoch nicht, sich vor den Menschen zu verbergen, solange die ihr nicht allzu große Aufmerksamkeit schenken. Gelegentlich kann man sie auf einem der Rasen antreffen, wie sie ihren Pelz in der Sonne wärmt.

In den Gärten, in denen die Menschen bereits zusammengepackt haben und nach Hause gefahren sind, stöbert Gerlinde nach Essensresten, die vom Grillen übrig geblieben sind, und sammelt Fallobst ein. Nach einer Weile sucht sie sich einen Ruheplatz hinter einer Gartenlaube und schläft ein bisschen.

Als sie wieder aufwacht, ist es dunkel. Sie setzt ihre Futtersuche fort und bewegt sich nach Norden, ans Ende der Kleingartenanlage. Jetzt, wo es ruhiger geworden ist, überquert sie die einzige größere Straße, die ihr Revier durchschneidet, um in das angrenzende Wohngebiet zu gelangen. Tagsüber würde sie an der Straße umdrehen und zurückkehren, aber nun rennt sie in schnellen Schritten über den Asphalt, um eine Gartenhecke auf der gegenüberliegenden Straßenseite zu erreichen.

Der Mond ist hinter Wolken verborgen, vereinzelte Sterne sind am Himmel zu sehen. Als sie aus dem Licht der Straßenlaternen auf das erste Grundstück schlüpft, ist Gerlinde unsichtbar. Im Schutz der Nacht durchstöbert sie die Gärten der Einfamilienhäuser nach weiteren Schätzen. Sie räumt ein paar Katzenfutternäpfe leer, die die wählerischen Haustiere verschmäht haben, und wirft einen Blick in den einen oder anderen Komposthaufen.

Nach zwei Stunden kehrt sie mit vollem Bauch zu ihrer Familie zurück, über die Straße, durch die Kleingartenanlage, unter dem Zaun hindurch. Dort warten bereits ihre Welpen auf sie, in der Hoffnung, neben den selbst erbeuteten Dingen noch etwas Nahrung von ihrer Mutter und ein wenig Aufmerksamkeit zu erhalten. Nach ausgiebigem Spielen und Kuscheln legt sich Gerlinde einige Stunden schlafen, um dann am Vormittag, wenn es noch nicht so heiß geworden ist, wieder ihre Runden durchs Gras zu drehen.

Hazel

Weiter im Westen der Stadt sieht das Revier der Füchsin Hazel völlig anders aus. Das kleine Streifgebiet in Form einer E-Gitarre verläuft entlang von S-Bahn-Gleisen und über Industrieanlagen und dicht bebaute Straßen hinweg. Dieses Revier ist das Stadtfuchsrevier par excellence. Nicht ein einziger Park oder Kleingarten, nicht mal der Garten eines Wohnhauses fällt in ihr Streifgebiet. Asphalt dominiert das Bild. Fast die gesamte Fläche ist versiegelt, das wenige Grün, das sich hier findet, erstreckt sich überwiegend entlang der Böschungen der Gleisanlagen.

Die viergleisige Bahntrasse ist Teil der Ringbahnanlage, einer Hauptverkehrsader des öffentlichen Nahverkehrs von Berlin. Auf dem S-Bahn-Ring, der auf etwa vierzig Kilometer Länge die zentralen Stadtgebiete umrundet, fahren an einem einzigen Tag über tausend Züge und befördern dabei mehr als eine halbe Million Menschen von A nach B. Je nach Tageszeit startet an der nahe gelegenen Haltestelle alle fünf bis zehn Minuten eine Umrundung, die etwa eine Stunde dauert. Beide Fahrtrichtungen und alle Linien zusammengenommen ergeben so eine enge Taktung an Zügen, die fast rund um die Uhr mit quietschenden Rädern durch den S-Bahn-Kessel rollen. Nur werktags zwischen halb zwei und vier Uhr ist kurz Ruhe.

Direkt neben diesen Gleisen, unter Dornenhecken liegen Hazels Tagschlafplatz und in die Böschung eingegraben ihr Bau. Sie ist allein, ihre Eltern und Schwestern leben vermutlich nicht mehr. Am Abend dieses regnerischen Herbsttages wird Hazel aktiv. In den letzten Stunden hat sie unter der Hecke gedöst, während wenige Meter vor ihr die Züge vorbeidonnerten. Sie kennt es nicht anders, sie wurde hier geboren, und die großen metallenen Gefährte und ihre Geräusche gehören zu ihrem Alltag. Die Züge sind laut, aber Lärm ist für Hazel mit ihrem feinen Gehör allgegenwärtig. Überall dröhnt und rauscht es, und keine fünfzig Meter entfernt bewegt sich auch noch der stetige Strom von Autos über die Stadtautobahn.

Hazel streckt sich und macht sich auf den Weg, um Nahrung zu suchen. Um ins angrenzende Industriegebiet zu gelangen, muss sie die Gleise überqueren.

Die Autobahn passiert sie ebenfalls – doch die verläuft zum Glück weit über der zarten Füchsin, sie ist hier auf Pfeilern gebaut und kreuzt die Ringbahntrasse. Die Bahngleise zu überqueren ist gefährlich, die Züge kommen schnell und bremsen nicht für einen kleinen Fuchs.

Hazel beobachtet die Gleise genau und sprintet los. Im Gebüsch auf der anderen Seite angekommen, hält sie kurz inne, dann erklimmt sie die steile Böschung und verlässt die Bahnanlage hinter einer alten verfallenen Hütte durch ein Loch im Zaun. Nun steht sie auf dem großen gepflasterten Platz eines Betriebsgeländes der Stadtreinigung. Über ihrem Kopf thronen drei riesige Fabrikschlote, die sich vor dem Nachthimmel abzeichnen. Die Dunkelheit wird von Laternen und Scheinwerfern durchbrochen, und die rötlich glühende Lichtglocke über der Stadt verschluckt die Sterne.

Mit zügigen Schritten und wachsamem Blick überquert Hazel den offenen Hof. Auch wenn hier nachts wenig Menschen anzutreffen sind, können sie jederzeit auftauchen, und so verlangsamt sich Hazels Schritt erst, als sie den Platz hinter sich gelassen hat. Sie bewegt sich leise und lautlos an der Betonwand einer Halle entlang und umrundet das Gebäude.

Als sie vorsichtig aus dem Schatten um die Häuserecke lugt, kann sie keinen Menschen entdecken. Sie verlässt die geschützte Ecke und erreicht ihr Ziel: Direkt vor ihr türmt sich ein großer Berg Müll auf. In mehreren offenen Kammern sind verschiedene Abfälle gelagert. Obwohl auch an den Plastikabfällen hin und wieder Essensreste zu finden sind, zieht es Hazel zum

Restmülllager. Ein Meer von Gerüchen weht ihr entgegen, und ihre sensible Nase kann verschiedene verlockende Essensdüfte ausmachen. Sie beginnt, den Müll zu durchsuchen, und genehmigt sich einige Leckereien, bevor sie sich der zweiten Nahrungsquelle widmet, die es hier in Hülle und Fülle gibt: Ratten.

Ratten sind etwas schwerer zu erlegen als Mäuse, weil sie wehrhafter sind. Aber sie sind auch fetter als ihre kleinen Verwandten und ergeben so mehr Fleisch für Hazel. Zusammen mit Brotresten und einigem Obst mit braunen Stellen verspeist Hazel die erste gute Mahlzeit der Nacht.

Dann überlässt sie den Müllberg den verbliebenen, nun zu vorsichtigen Ratten und zieht weiter. Auf dem Weg durch ihr Revier erschnüffelt sie die Duftmarken anderer Füchse und hält nach weiterer Beute Ausschau. Unterwegs vermeidet sie es, die großen Straßen zu häufig zu überqueren, und da in diesem Teil der Stadt auch nachts noch einige Menschen unterwegs sind, hält sie sich im Verborgenen.

An der Grenze ihres Streifgebiets nimmt sie den Geruch eines Fuchses aus dem angrenzenden Revier wahr. Bald kommt der Winter, und dann wird sie erstmals selbst mit heiserem Bellen einen Fuchsrüden anlocken, um im kommenden Frühjahr eine eigene Familie zu gründen. Sie übertritt die Reviergrenze nicht, die wie mit dem Lineal gezogen der Achse einer Straße folgt.

Die ganze Nacht ist Hazel auf den Beinen, streift umher, sucht Nahrung, verfolgt Gerüche. Sie muss diese Stunden nutzen, denn am Tag ist es viel zu gefährlich in ihrem Revier. Im Sommer war die Zeit knapp, die sie zur Nahrungssuche aufwenden konnte, nun werden die Nächte länger.

Bei der Überquerung einer Straße erschrickt Hazel kurz im Licht zweier Scheinwerfer, als ein Auto um die Ecke biegt. Doch es ist noch weit genug entfernt, sodass sie als dunkler Schatten im Lichtkegel heil das gefährliche Terrain überquert. Als die Dämmerung einsetzt, noch bevor es richtig hell wird und das Furcht einflößende Gewusel der Menschen auf den Straßen losgeht, kehrt Hazel zurück zu ihrer Hecke. Noch einmal sprintet sie über das Gleisbett, erklimmt die Böschung auf der anderen Seite und lässt sich erschöpft an ihrem Schlafplatz nieder.

Auf der Spur und aus den Augen

Ich gebe zu: Ich kann natürlich nicht wissen, ob Gerlinde an diesem einen Sommerabend wirklich mit ihren Welpen spielte. Ich weiß nur, dass sie sich auf der großen Wiese um den Hauptbau herum aufhielt und nicht ruhte, sondern sich auf kleinem Raum umherbewegte. Ich weiß auch nicht, ob Hazel in dieser Herbstnacht eine Ratte fing oder doch einen Dönerrest fand. Ich weiß nur, dass sie an diesem offenen Müllberg war und dass sich dort viele Ratten tummeln. Ich weiß, wo die drei Fähen an diesen und anderen Tagen waren, wann und wie lange sie sich dort aufhielten. Ich habe mir ihre Wege angesehen und die Orte besucht, an denen sie innehielten, und daraus meine Schlüsse gezogen.

Die unterschiedlichen Lebenswirklichkeiten der Füchse in der Stadt gehören zu den Dingen, die mich in meiner Arbeit am meisten faszinieren. Während an einem Ende von Berlin die Füchsin Frida die Morgendämmerung am idyllischen Seeufer im Wald begrüßt, mit den Pfoten im Sand des Strandbads Wannsee, mit dem Rauschen der Blätter und dem Schrei der Möwen im Ohr, ist der Heimweg des Fuchsrüden Kalle ein Spießrutenlauf, eine Aneinanderreihung gefährlicher Straßenquerungen und Fluchten. Während Fuchsrüde Oregano in aller Stille zwischen den Grabplatten eines Friedhofs entlangwandert, ist Füchsin Ida gezwungen, mit ihren Jungtieren umzuziehen, nachdem die Brachfläche, auf der sie den Nachwuchs bekommen hat, zur Baustelle und schließlich zum Bürokomplex wurde.

Das Schicksal meiner Füchse berührt mich. Manche kann ich nur wenige Wochen verfolgen, weil sie den Sender verlieren, in unbekannte Regionen abwandern oder ums Leben kommen. Besonders Letzteres passiert viel zu häufig. Die meisten »meiner« siebzehn Füchse fallen nach und nach dem Straßenverkehr zum Opfer – ein Tod, der die meisten Stadtfüchse ereilt. Andere Füchse wie Gerlinde oder Q begleite ich über mehr als ein ganzes Jahr hinweg. Am Ende geht jedoch auch hier die Batterie aus, und die Füchse sind für mich verloren.

Ich frage mich oft, was aus denen geworden ist, die am Ende der Besenderung noch lebten und dann wieder ohne mich als Beobachterin auf ihrer Schulter durchs Leben gingen. Bei manchen habe ich traurige Gewissheit. Nachdem ich Hazel längere Zeit nicht finden konnte, entdeckte mein Hund Curon sie schließlich –

oder das, was von ihr übrig geblieben war. Er führte mich, dem Geruch folgend, zu einer Stelle am Zaun der Bahnanlage, und dort unten konnte ich die Überreste der Füchsin auf den Gleisen liegen sehen. Sie war von einem der Züge überfahren worden.

Auch Q fiel dem Menschen zum Opfer. Sie wurde tot in der Kleingartenanlage ihres Reviers gefunden. Die traurige Finderin rief mich an, und ich fuhr hin, um Q einen letzten Dienst zu erweisen, sammelte ihren leblosen Körper ein und brachte ihn in unsere Pathologie. Sie war wohl an Rattengift gestorben – und mit ihr die ungeborenen Welpen in ihrem Bauch.

Gerlinde ist, soweit ich weiß, gesund und munter und lebt mit vielen anderen in ihrer kleinen Fuchsoase. Ich besuche sie und ihre Familie noch heute gelegentlich und freue mich schon auf die neue Generation von Fuchswelpen.

Und die anderen? Ihr Schicksal ist ungewiss. Sie sind wieder die roten Schatten geworden, die vor unseren Augen verschwinden. Die mystischen, meist unsichtbaren Wesen, deren Existenz nur kurz aufflackert und wieder erlischt. Ich weiß nicht, ob sie oder ihre Töchter und Söhne noch leben, aber ich weiß ein wenig mehr darüber, wie ihr Alltag aussieht, und ich stelle mir gerne vor, wie sie weiter ihrer Wege gehen.

FOX FUN FACT

Der Mausssprung

Füchse sind Allesfresser, doch für die Jagd auf ihre Hauptbeute haben sie eine spezielle Technik entwickelt. Mit ihrer feinen Nase erschnüffeln sie Mäuse im Gras und sogar unter Schnee. Dabei sollen sie sogar unterschiedliche Mäusearten am Geruch erkennen können. Das Schieflegen des Kopfes und das Drehen der Ohren, wie wir es auch von unseren Haushunden kennen, hilft den Füchsen dabei, die Position der Maus zu überprüfen. Ist sie geortet, verharrt der Fuchs und wartet auf den richtigen Moment, um dann plötzlich mit einem hohen Sprung zuzuschlagen.

Über den Tellerrand

In den Jahren des Fuchsforschungsprojekts sammle ich viele spannende Erfahrungen und kann den einen oder anderen Blick über meinen Tellerrand werfen. Denn neben den unvergesslichen Erlebnissen mit den Füchsen und anderen Wildtieren, die ich wie einen Schatz in mir trage, treffe ich viele spannende Menschen. So bekomme ich Einblicke in die Arbeit und Interessen anderer und führe einige eindrückliche Gespräche. Ich bin an Orten unterwegs, die mir sonst nie zugänglich gewesen wären, und lerne, Altbekanntes aus neuen Blickwinkeln zu betrachten.

Das liegt vor allem daran, dass ich zum Aufstellen meiner Fallen ganz bestimmte Standorte suche: einen von Publikumsverkehr abgeschirmten, geschützten Raum, der dennoch rund um die Uhr für mich zugänglich ist. Viele fuchsbegeisterte Menschen und Unternehmen in Berlin unterstützen das Projekt, indem sie mir und meinen Kollegen Zugang zu ihren Grundstücken gewähren.

Dazu gehören zum Beispiel die Berliner Wasserbetriebe (BWB). An die 200 Liegenschaften haben die Wasserbetriebe, verteilt über das gesamte Stadtgebiet. Ein Netzwerk von Einrichtungen, die die Wasserversorgung der Bevölkerung und die Aufbereitung des Abwassers sicherstellen. Neben vielen kleineren Anlagen gehören zu diesen Geländen auch große naturbelassene Flächen in verschiedenen Ecken der Stadt. Auf einigen dieser Gelände stelle ich meine Fuchsfallen auf und kann so mehrere Füchse besendern.

Die teils wunderschönen historischen Bauten der Wasserbetriebe liegen manchmal direkt an den Ufern der Berliner Seen, zum Beispiel am Wannsee oder am Tegeler See. Aber auch mitten im Stadtwald Wuhlheide und an anderen naturreichen Orten findet man sie. Häufig wird dabei nur ein Teil der Flächen von Menschen frequentiert, während andere Bereiche, auf denen sich beispielsweise Rückhaltebecken oder unterirdische Pumpanlagen befinden, nur sehr selten und nur von wenigen Personen betreten werden. Entsprechend strotzt es auf den Geländen der Wasserbetriebe nur so vor Biodiversität und tierischem Leben.

Auch die Füchse haben die Wohnqualität dieser Gebiete für sich erkannt und sind dort überall anzutreffen. Unter den Mitarbeitern und Mitarbeiterinnen vor Ort sind sie bekannt wie bunte Hunde. Die Menschen mögen ihre Füchse und interessieren sich für deren Wohl. So erhalte ich nützliche Beobachtungstipps und Hinweise auf Fuchsbaue oder bekomme persönliche Fuchserlebnisse berichtet.

Ich bin ihnen bis heute zutiefst dankbar, dass sie mich mit meinen Kameras und Fuchsfallen offen und freundlich empfangen. Einige mögen sich über die fuchsverrückte Biologin wundern, manchen ist es sicherlich egal, aber viele von ihnen sind voller Interesse für die Füchse.

Manche helfen mir gar bei meiner Feldarbeit, indem sie mir bei meinen wöchentlichen Besuchen an den Fallen kurz berichten, wo und wann sie Füchse gesehen haben. Und so mancher hat eine Hundefuttertüte von mir im Büro parat stehen und wirft im Vorbeigehen ab und an etwas Köderfutter in meinen Fallen nach.

Man nimmt sich die Zeit, mir und meiner Kollegin, die auf den Grundstücken Waschbären untersucht, die Anlagen zu zeigen. Und wir dürfen manch spannenden Blick hinter die Kulissen werfen. Gemeinsam erklimmen wir zum Beispiel das Dach des Tegeler Standorts. Wir werden vorab durchs Gebäude geführt und bekommen die darin verborgene Technik zu sehen. Am Ende steigen wir durch eine Luke aufs Dach, wo sich Waschbären häuslich eingerichtet haben. Eine exklusive Penthousewohnung mit herrlichem Seeblick, die die kleinen Bären auch nach diversen Vergrämungsversuchen offenbar nicht aufgeben wollen. Neben diversen Öffnungen, die mit schweren Steinen verschlossen wurden, liegen lose Steine herum, die die Waschbären offenbar »weggeräumt« haben, um sich erneut Zugang zu verschaffen.

Auch die Namen einiger Füchse zeugen von der Rolle der Wasserbetriebe bei meiner Forschung. Denn die Angestellten auf den jeweiligen Geländen suchen teilweise die Namen für die Füchse aus. Meine Lieblingsfähe Gerlinde wurde zum Beispiel in einer humoristischen Hommage nach einer Mitarbeiterin benannt, die kurz vor dem Ruhestand war.

Auf dem Gelände der Wasserbetriebe mache ich außerdem einige meiner schönsten Wildtierbeobachtungen.

Ich sehe Feldhasen, diverse Sing- und Greifvögel, kann die pelzigen Kugeln im Geäst der Bäume bestaunen, die die Waschbären am Tag bilden, und sogar Fasane lassen sich blicken.

Vor allem aber verdanke ich diesem Zugang meine eindrücklichsten Fuchsmomente, inklusive der Möglichkeit, den Füchsen bei der Aufzucht ihrer Jungtiere zuzusehen. Wenn ich an meinen Fallen oder Kameras werkle oder mit meiner Antenne über das Gelände ziehe, habe ich häufig das Gefühl, beobachtet zu werden. Und das werde ich auch. Durch das friedliche Leben und ihre freundlichen menschlichen »Kollegen« sind die Füchse der Wasserbetriebe ziemlich entspannt im Umgang mit Menschen. Sie sind zwar so scheu, einen gewissen Abstand einzuhalten, aber dennoch so interessiert an dem, was ich mache, dass sie des Öfteren einfach nachsehen kommen. Manchmal schaue ich von der Falle auf und blicke direkt in das Gesicht eines Fuchses. Manchmal kann ich nur die hinter Blattgrün verborgene Silhouette eines Fuchses erkennen, der mich in einiger Distanz im Gebüsch versteckt eher heimlich betrachtet und nun nur durch das Gefühl des Beobachtetwerdens »aufgeflogen« ist, verraten durch ein Ohr, das zu weit herausragt. Manchmal schlendert unerwartet ein Fuchs aus dem hohen Gras, nähert sich gelassen, setzt sich in einigen Metern Entfernung hin und beobachtet mich ganz unverhohlen.

Das Selbstverständnis, mit dem der Fuchs dort sitzt, als würde all das ihm gehören, erinnert mich an einen Tagebucheintrag des Schriftstellers Henry David Thoreau, den er am 2. Januar 1841 zwischen philosophischen Betrachtungen über die stoische Selbstverständlichkeit wachsender Bäume unbekümmert von Zeit und Umständen und die Schönheit von Weidenkätzchen notierte: »Heute sah ich einen Fuchs, der auf dem Schnee mit der Sorglosigkeit der Freiheit über den zugefrorenen Teich eilte. Als ich zeitweise seiner Spur im Sonnenschein folgte [...], schien es, als hätte die Sonne noch nie so stolz und so hell auf den Hang herabgeschienen, und Wind und Wald waren in Zuneigung verstummt. Ich überließ ihm, der ihr wahrer Besitzer war, Sonne und Erde. Er ging nicht im Sonnenschein, sondern der Sonnenschein schien ihm zu folgen [...].«

Während die Wasserbetriebe uns mit sauberem Trinkwasser versorgen, kümmert sich die Berliner Stadtreinigung (BSR) darum, hinter uns allen aufzuräumen. Eine Mammutaufgabe in einer Stadt wie Berlin. Überall dort, wo Menschen leben, braucht die BSR daher Standorte, von denen aus sie ihre »Räumschiffe« aussenden kann, um die Berge von Altpapier, Hausmüll, Kompost und Verpackungsmüll einzusammeln, die wir produzieren. Entsprechend verteilen sich die Stützpunkte der BSR über das gesamte Stadtgebiet – ein Traum für eine Biologin auf der Suche nach Standorten, die verschiedene Stadtgebiete repräsentieren. Auch hier stehen also viele meiner Fallen. Der Unterschied zu den idyllischen See- und Waldlagen der BWB ist krass und zeigt sehr anschaulich den Kontrast der Lebenswirklichkeiten verschiedener Stadtfüchse.

Auf den Geländen der BSR besendere ich einige der »urbansten« Füchse, wahre Großstädter, die nicht viel

Grün unter ihre Pfoten bekommen. Und auch hier tragen sie die Namen, die hilfsbereite und fuchsbegeisterte Mitarbeiter für sie aussuchten. Der Name des ersten bei der BSR gefangenen Fuchses wird gar in einer Abstimmung über die BSR-interne Betriebszeitschrift ermittelt. Man einigt sich auf Kalle. Später erhalten die Füchse ihre Namen auf dem kleinen Dienstweg.

Und dann sind da noch all die anderen Fuchsfans, die sich auf die eine oder andere Weise am Projekt beteiligen oder dafür begeistern. Stadtimker, Schulgarten-AGs, Theaterschauspieler, Gärtnervereine, Dokumentarfilmer und Tierfotografen, Ämter, Autobahnmeistereien und, und, und. Ich kann nicht alle nennen, die mir begegnet sind, aber ich freue mich über jede einzelne dieser Horizonterweiterungen.

Ein letzter Standort, den ich noch erwähnen möchte, ermöglicht mir den Fang eines Fuchses im Berliner Regierungsviertel, der es schon zu einiger medialer Berühmtheit brachte und den die Medien Frank-Walter taufen. Der Fuchs von Schloss Bellevue hat den Amtssitz des Bundespräsidenten bereits untrennbar mit dem charismatischen Wildtier verknüpft. »Der Fuchs« ist im wahren Leben natürlich nicht ein Fuchs, sondern viele verschiedene.

Vielleicht hatten Sie Gelegenheit, den Park zu besuchen, als er noch öffentlich zugänglich war? Heute ist das Gelände abgeriegelt, kameraüberwacht, und Bundespolizisten patrouillieren mit ihren Diensthunden entlang der gekiesten Wege. Die Falle im Schloss Bellevue ist daher wohl die bestbewachte Fuchsfalle Berlins und die einzige, bei der die angebrachten Wildkameras keinerlei Diebstahlsicherung benötigen. Zu einigen öffentlichen Veranstaltungen und Führungen lässt sich der Park auch heute noch besuchen, und das lohnt sich. Während direkt hinter dem Schloss und dem großen Exerzierplatz feiner englischer Rasen liegt, ist der hintere (und größere) Bereich des Geländes von vielfältiger Natur geprägt. Zwischen knorrigen alten Bäumen wachsen Wildblumenwiesen, und Eichhörnchen, Igel und Fuchs fühlen sich hier pudelwohl. Wer sich ebenfalls zu großer Zahl im Garten des Schlosses breitgemacht hat, sind Wildkaninchen. Sie hoppeln allerorten über den Rasen. Da die Kaninchen den Grünanlagen natürlich auch Schäden zufügen, sind Jäger mit ihren Jagdfalken gelegentlich ebenso zu Gast im Schlossgarten Bellevue wie die Imker, die hier ansässige Bienenvölker betreuen.

Der Fuchs, der es nicht schafft, der Kaninchen Herr zu werden (oder kein Interesse daran hat), muss sich nicht vor den Jägern fürchten. Sogar einige Baue haben die Füchse im Garten des Schlosses angelegt. Manche gut versteckt, man könnte meinen, die Füchse hätten Rücksicht auf die Arbeit des engagierten Teams von Gärtnern genommen, die den schönen Park hegen und pflegen. Allerdings nur, bis man sich weiter umsieht und weitere Fuchsbaue auf der Wiese entdeckt ... Trotzdem helfen mir die Gärtner des Bundespräsidialamtes einige Male freundlich und unkompliziert, sei es mit dem Einsatz einer Sackkarre zum Umstellen meiner Falle an verschiedene Standpunkte im Park oder durch eine gelegentliche Handvoll Trockenfutter in der Falle.

Natürlich wissen sie um ihre Füchse. Man kennt und schätzt sich.

Zu meiner Überraschung beschränkt sich das Interesse an den Füchsen jedoch nicht auf die Gärtner und die Presseabteilung des Bundespräsidialamts, die über »meinen« Fuchs in ihrem Garten twittern. Nein, auch die Bundespolizisten erweisen sich teilweise als echte Fuchsfans.

Immer wieder, wenn ich durch die Kontrolle am Eingang des Geländes fahre und meinen Ausweis hinterlege, fragen sie mich, wie es mit dem Fuchsfang laufe. Manche geben Tipps, wohin ich die Falle am besten stellen sollte, sie erzählen von eigenen Fuchsbegegnungen oder berichten, wie viele Füchse es aktuell gibt und wo sie am liebsten entlanglaufen. Zu abendlicher Stunde, wenn alles ruhig ist und wenige Besucher da sind, beobachten sie wohl häufig auf den Sicherheitsmonitoren die Aktivitäten der Füchse, die sich im Licht der Laternen von Überwachungskamera zu Überwachungskamera bewegen.

Ich führe einige nette Gespräche über die Füchse und meine Arbeit und genieße meinen fast schon exklusiven Zugang zu diesem schönen Ort. Wenn ich nach der Fallenroutine den Blick durch den Park und über die rückseitige Fassade des weißen Schlosses streifen lasse, bin ich immer wieder aufs Neue dankbar dafür, wie aufgeschlossen unsere Anfrage, eine Fuchsfalle in den Garten des Bundespräsidenten stellen zu dürfen, beantwortet wurde. Ich empfinde es als Privileg, hier arbeiten zu dürfen.

Natürlich halte ich mich an alle durch Staatsbesuche und andere Aktivitäten gelegentlich anfallenden Einschränkungen meiner Besuchsmöglichkeiten. Doch einmal lässt man mich am Tor zur Falle durch, obwohl offenbar eine Veranstaltung geplant ist, von der ich natürlich nichts weiß. Ich bin wie gewohnt, wenn ich Equipment dabeihabe und es an der Falle benötige, mit meinem Auto vorgefahren. Als ich fertig bin und mich auf den Rückweg machen will, fällt mir zu meinem Entsetzen auf, dass sich vom Exerzierplatz her eine Garde nähert, die offenkundig auf den langen, geschwungenen Schotterweg zusteuert und in einem Zeremoniell den Garten umrunden soll. Der Weg vorwärts ist versperrt, die Soldaten sind bereits zu nah, also fahre ich, so schnell ich kann, rückwärts vom Gelände, während ich vor mir am anderen Ende des Weges das Bataillon auf mich zumarschieren sehe.

Ich manövriere meinen alten, wenig schmucken Kleinwagen rückwärts durch den Schlosspark und schicke Stoßgebete gen Himmel, dass ich es rechtzeitig aus dem Weg schaffen und niemanden vor den Kopf stoßen werde. Ich weiß nicht, ob es überhaupt jemand bemerkt hat, doch ich habe mich selten so fehl am Platz gefühlt wie bei dieser Rückwärtsflucht von meiner Falle, und mein Adrenalinpegel ist nie wieder so hoch nach einem einfachen Fallenbesuch wie an diesem Tag.

Es gibt neben vielen schönen und dem einen stressigen auch lustige Momente mit dem Fallenstandort Bellevue. Die Kamerareichweite, die meist Füchse oder Kaninchen belichtet, wird immer wieder von uniformierten Beinen durchschritten, und manchmal »verirrt« sich ein Polizeihund vor die Linse. Wirklich lachen muss ich aber über eine andere Begebenheit.

Ich habe einen Fallenalarm aus Bellevue erhalten und erreiche des Nachts den Kontrollpunkt an der Ein- und Ausfahrt des Schlossgeländes. Man fragt nach der ungewöhnlichen Besuchszeit, und ich berichte, dass mal wieder ein Alarm erfolgt sei und ich die Falle kontrollieren wolle. Gesagt, getan. In der Falle finde ich an diesem Abend leider keinen Fuchs, sondern ein Eichhörnchen. Ich befreie es und bereite die Falle für einen weiteren Einsatz vor. Am Kontrollpunkt angekommen, fragt mich der Polizist kurz und bündig: »Und, Fuchs?« Ich antworte: »Nee, Eichhörnchen.« Darauf erhalte ich eine Erwiderung, mit der ich niemals von einem Bundespolizisten zur nächtlichen Stunde am Amtssitz des Bundespräsidenten gerechnet hätte: »Ah ja, das ist Paul.«

Im Schloss Bellevue heißen alle Eichhörnchen Paul, wie ich auf meine verdutzte Nachfrage hin erfahre.

Medienwelten

Wir wissen schon, dass Feldarbeit von Biologen in Film und Fernsehen häufig anders dargestellt wird, als sie sich in Wirklichkeit verhält. Aber auch das Bild von Laborarbeit und von Wissenschaftlern im Allgemeinen, welches uns die Medien präsentieren, ist häufig ein Klischee. Das gilt vor allem für Filme und Serien, ich bin gespannt, ob Ihnen eines der folgenden Wissenschaftler-Klischees bekannt vorkommt:

Da ist der introvertierte Wissenschaftler-Nerd. Es gibt ihn in der Ausführung zu dürr und schlaksig oder zu dick (Hauptsache, unsportlich), mit und ohne Hornbrille. Er ist hochintelligent, aber im Umgang mit anderen Menschen irgendwie ungeschickt und dennoch irgendwie liebenswert. Er lebt ausschließlich für seine Arbeit, und sein ganzes Sein kreist um eine, durch die Augen normaler Menschen betrachtet, eher langweilige oder trockene Tätigkeit wie das Studium von Mikroorganismen oder die Weiterentwicklung einer mathematischen Formel.

Beliebt ist auch der arrogante Wissenschaftler, der an der Spitze seiner Disziplin steht. Renommiert, weltbekannt – und ein Arsch. Sein überragender Intellekt ist die Basis seines Egos. Als Bester seines Fachs schaut er auf alle anderen herab, auf Kollegen weniger anspruchsvoller Disziplinen (was alle Disziplinen jenseits seiner eigenen sind) genauso wie auf minder begabte Otto Normalverbraucher. Er ist ein Star in der Wissenschaftswelt, und alles außerhalb dieses Dunstkreises betrachtet er als irrelevant.

Dann wäre da noch der verrückte Professor mit zerzausten Haaren, der quasi schon als vollbärtiger, älterer Herr auf die Welt gekommen ist. Seine Kleidung sieht stets zerknittert aus, eventuell raucht er Pfeife. Sein natürlicher Lebensraum sind der Vorlesungssaal, in dem er mehr zu sich selbst als zu seinen Studenten zu sprechen scheint, und sein Büro, in dem das chaotische Genie ganz realitätsentrückt buchstäblich in seiner Arbeit versinkt. Eine Familie hat dieser Wissenschaftler nicht, auch keine Hobbys oder Lieblingscafés und eigentlich auch keine Wohnung. Er lebt zwischen den überquellenden Bücherregalen und Papierstapeln seines Büros.

In Serien lebt das Wissenschaftler-Klischee. Dennoch schaue ich solche Sendungen nicht mit einem Naserümpfen, sondern mit großer Freude. Denn diese Darstellung einer Welt, in der man sich ein kleines bisschen auskennt, beschert einem einige lustige Momente. Zum Beispiel wenn das Computergenie sich mit »hacke firewall-dot-enter« in das System feindlicher Mächte hackt oder man bei einer der unzähligen Verbrechensbekämpfungsserien à la »CSI: Castrop-Rauxel« grandiosen Dialogen wie dem folgenden lauscht:

Polizist: »Wie lange brauchen Sie, um die DNA auf Übereinstimmung zu überprüfen?«

Wissenschaftler: »Vierundzwanzig Stunden.«

Polizist: »Die haben wir nicht, wir müssen den Verdächtigen in zwölf Stunden gehen lassen.«

Wissenschaftler: »Okay, ich mach's in elf.«

Ohne Worte.

Zugegeben, es gibt diese Wissenschaftler, die introvertierten, die verrückten, die arroganten. Ich selbst kenne ein paar, die einigen der Klischees recht nahekommen (und natürlich erkenne auch ich mich selbst manchmal wieder). Aber auch Wissenschaftler sind nur Menschen, die man nicht alle über einen Kamm scheren kann.

Was die meisten Biologen in meinem Umfeld jedoch tatsächlich gemeinsam haben, ist ihre Neugier. Wenn ich einige Kollegen, Freunde und auch mich selbst betrachte, dann ist dies mein Bild von uns Biologen: Wir werden angetrieben von Fragen und der Suche nach den passenden Antworten. Wir sind Forscher und Entdecker, Bastler oder Tüftler mit einer kindlichen Begeisterung für alles, was unergründet ist. Wir sind Spielkinder und Quatschköpfe. Deshalb fasst sich der normale Bürger auch bei so mancher Studie, die in den Medien vorgestellt wird, erst mal fassungslos an den Kopf. Zum Beispiel wenn Wissenschaftler Ratten in kleinen Autos herumfahren lassen oder im Dunkeln leuchtende Kaninchen züchten. Man stellt sich direkt den dazu passenden Dialog vor: »Wie wär's, wenn wir das da nehmen und Algengene reinbauen? Wieso? Dann leuchtet es blau!«

Auch wenn ich sicher bin, dass sich die Wissenschaftler beim ersten Anblick der leuchtenden Kaninchen ein Grinsen nicht verkneifen konnten, steckt auch hinter verrückt wirkenden Sachen (zumindest meistens) ein kluger Gedanke. Im Falle der blau leuchtenden Kaninchen unterstützt die Nutzung der Biolumineszenz mancher Arten, also ihrer Fähigkeit zu leuchten, die medizinische Forschung. So kann das Einbauen von Glühwürmchengenen in menschliche Tumorzellen beispielsweise bei der Krebsforschung helfen.

Die Neugierde vieler Forscher hat uns schon so manchen Fortschritt gebracht, und auch die weniger angewandte Forschung hat in meinen Augen im Sinne des Wissensgewinns einen intrinsischen Wert. Und ja, irgendwie sind wir wohl manchmal die Nerds, die man aus den Medien kennt. Im Gegensatz zu den Serien-Wissenschaftlern sind wir aber auch aktive, soziale Personen mit Hobbys, Freunden, Familien und einem Leben außerhalb der Forschung – und die meisten von uns wohnen auch nicht in ihrer Uni oder ihrem Institut.

Medien bedienen solche Wissenschaftlerklischees häufig aus merkwürdigen Gründen. Sie zeigen den Menschen das, was diese ihrer Meinung nach erwarten und sehen wollen, wenn sie eine Serie mit Wissenschaftlern oder eine Wissenschaftsdoku anschauen. Das können Menschen sein, die Formeln an Glasscheiben schreiben oder Reagenzgläser mit bunten Flüssigkeiten gegen das Licht halten. Warum auch immer sie das tun sollten. Die Realität ist da bestenfalls eine Orientierungshilfe für die Plotentwicklung.

Vermutlich passiert das gar nicht aus böser Absicht oder Ignoranz, vielleicht denkt der entsprechende Medienmacher einfach, der Zuschauer nimmt ihm den Wissenschaftler nicht ab, wenn er nicht mindestens einen Laborkittel trägt. Ich persönlich glaube ja, dass man dem Zuschauer manchmal durchaus mehr zumuten und zutrauen könnte.

Im Rahmen des Fuchsprojekts arbeite auch ich viele Male mit Medienvertretern zusammen. Das Projekt startet zeitgleich mit der besagten Programmaktion zum Thema Fuchs im Rundfunk Berlin-Brandenburg (rbb): Im Fernsehen, im Radio und online wird das Projekt begleitet. Es gibt Berichte über Füchse, die Berliner werden aufgerufen, ihre Fuchsbegegnungen zu teilen, und auch ich werde – zum ersten Mal – von meinem Institut quasi vor die Kamera geschubst. Ich selbst hätte mir diesen Weg sicherlich niemals ausgesucht, und viele dieser Termine vor Kamera oder Mikrofon kosten mich große Überwindung. Heute bin ich jedoch dankbar für die vielen Erfahrungen, die ich dadurch machen darf.

Dabei kämpfe ich gegen den einen oder anderen Fernsehklischee-Unsinn: Ich weigere mich, an meinem Schreibtisch »für die Kamera« einen Laborkittel zu tragen – denn den trage ich fast nie, und ohnehin zieht kein vernünftiger Mensch im Büro einen an. Meine Dienstkleidung besteht eher aus Arbeitshose, Fleecejacke und Wanderschuhen draußen oder Jeans und T-Shirt drinnen. Ich wehre mich ebenfalls dagegen, ein Eppendorfgefäß mit gelöster Fuchs-DNA (also ein Gefäß mit einer klaren Flüssigkeit und mit für das menschliche Auge *nicht* sichtbarem Inhalt) gegen das Licht meines Bürofensters zu halten. Ich bemühe mich sehr, nicht die Kontrolle über meinen Gesichtsausdruck zu verlieren, als mich ein Moderator nach vier Wochen Projektlaufzeit fragt, ob ich schon genügend Material für meinen Doktor gesammelt hätte (der wohlgemerkt in der Biologie üblicherweise durch ein mindestens vier Jahre dauerndes Forschungsprojekt in Vollzeit erworben wird). Und auch gegen Begrifflichkeiten kämpfe ich hin und wieder. Zum Beispiel bei dem Versuch, das Fernsehen davon zu überzeugen, dass »Fuchsforscherin« kein richtiger Beruf ist und dass ich die Bezeichnung »Fuchs-Lady von Berlin« nicht als Kompliment empfinde.

Trotzdem habe ich eine Menge Spaß. Ich darf an vielen spannenden Produktionen mitwirken und lerne und lache viel. Es gibt nämlich zahlreiche Menschen unter den Medienschaffenden, die tolle, spannende und informative Sendungen und Formate produzieren.

Ich gehe gemeinsam mit Journalisten des Deutschlandfunks auf Fuchsspurensuche, mache mit dem rbb Nachtspaziergänge auf den Fersen meiner besenderten Füchse und unterhalte mich mit dem Moderator in den Drehpausen großartig über amerikanische Politcomedy. Ich darf meine Füchse in einer Dokumentation für ARTE und das ZDF vorstellen, und sogar in der BBC in Großbritannien und in Nordamerika bei CBC Kanada flimmern meine Füchse über den Bildschirm.

Immer wieder erreichen mich nach solchen Sendungen E-Mails und sogar handschriftliche Briefe von Fuchsfans. Manche davon haben mich sehr gerührt. Ich habe Nachrichten aus Deutschland, Frankreich, Großbritannien, den USA und Kanada bekommen. Fantastisch, wie der Fuchs Menschen auf der ganzen Welt zusammenbringt. Wenn ich mit Journalisten losziehe, um Bilder von Füchsen zu bekommen und ein wenig über meine Füchse zu plaudern, denke ich an all die anderen Fuchsfans, denen ich ihre Lieblingstiere so nach Hause ins Wohnzimmer bringen kann.

Das Problem daran ist oft: Bilder von Füchsen zu bekommen ist gar nicht so einfach. Was für jeden Dokumentar- und Tierfilmer selbstverständlich ist, ist wohl vielen journalistischen Allroundern, die heute über den Fuchs und morgen über Innenpolitik berichten, nicht so bewusst: Füchse halten sich nicht an Drehpläne.

Ein typischer Fuchsdreh läuft häufig so ab: Mein Handy klingelt, und jemand fragt: »Können wir was zu Füchsen machen? Am besten gleich morgen?«

Ich vertröste auf das Wochenende, denn morgen stehen leider langweilige Schreibtischaufgaben im Kalender, oder es sind bereits viele Termine angesetzt. Es folgt: »Wissen Sie denn einen Ort, an dem es Füchse gibt?«

»Ja, überall, besonders in Berlin«, erzähle ich freudig. Ich habe ein paar Tipps, wo und wann man die besten Chancen hat, Füchse zu sehen.

»Mhh, das passt nicht so gut. Gehen wir lieber zu XYZ wegen des schönen städtischen Hintergrunds. Okay?«

In Ordnung. Der Ort ist fix, schnell noch eine Zeit vereinbart – aber Moment: »Sie planen nur zwei Stunden ein? Und nicht in der Dämmerung, sondern am Tag?«

»Ja, dann ist das Licht besser für das Interview.«

Füchse sehen wir dann freilich nicht so oft, auch wenn wir das eine oder andere Mal Glück haben. Aber auch an guten Orten und zur Dämmerung klappt es häufig nicht mit dem Fuchs für die Kamera. Wie oft streife ich mit Fernsehteams stundenlang über Fuchsgelände und krieche mit hoch motivierten Journalisten durch Hecken und Gebüsch. Ohne ein Lebenszeichen.

Häufig nehme ich die Journalisten dorthin mit, wo ich ohnehin nach dem Rechten sehen will, zum Beispiel um eine Wildkamera zu kontrollieren oder nach einer Falle zu schauen. Ich bleibe also nach dem Termin meist noch eine Weile. Besonders häufig sind wir auf einem Gelände unterwegs, auf dem es sehr viele Füchse gibt, die auch am Tag aktiv sind, weil sie dort relativ ungestört Fuchs sein können. Hier sehe ich sie häufig bei meiner Arbeit. Doch kaum ist die Presse dabei, herrscht Stille. Der Fuchs ist wohl kamerascheu.

Einmal ist es besonders eindrücklich, als wir uns nach Interview und einigen Stunden des Wartens verabschieden und die Journalisten das Gelände verlassen. Ich spaziere zurück zu meiner Wildkamera, um noch schnell die Batterien zu wechseln, und da kommt der Fuchs aus dem Gebüsch, guckt mich an, gähnt und setzt sich erst mal, um zu beobachten, was ich da mache. Ich könnte schwören, dass ein schiefes Lächeln in seinem Gesicht zu erkennen ist.

Ein anderes Mal bin ich stundenlang mit dem rbb unterwegs. Wir folgen den Laufwegen von Kalle, dessen Senderdaten ich ausgelesen habe. Ziel ist es, einen typischen Tag in seinem Leben nachzuvollziehen. Wir starten an seinem Tag-Schlafplatz, folgen seinen Hauptwanderwegen und schauen bei einer Dönerbude vorbei, an der ich auf der Karte eine dichte Punktwolke gesehen habe. Die Mitarbeiter kennen Kalle. Er sei jeden Abend da. Nur heute nicht.

Weiter geht es zu einem anderen Punkte-Hotspot, der sich als kleines Kirchengelände entpuppt. Möglicherweise ein guter Ort zum Mäusefangen. Am Ende unserer Tour drehen wir noch auf dem Parkplatz des großen schwedischen Möbelhauses, wo Kalle laut GPS-Daten ebenfalls Nacht für Nacht vorbeischaut. Doch auch hier kein Fuchs. Als alle Gespräche aufgenommen sind, wird eingepackt. Moderator, Regisseur und Biologin in einem Auto, Technik-Crew und Equipment im anderen. Wir fahren los. Während die anderen noch zu Ende packen, umrunden wir das Kaufhaus entlang der One-Way-Ausfahrt, und auf der Rückseite des Gebäudes sehen wir einen Fuchs. Er läuft entspannt über den Parkplatz des angrenzenden Geländes, schlüpft behände unter dem Zaun hindurch und sitzt dann einige Meter entfernt von uns. Er hat es offensichtlich nicht eilig. Beim Kamerateam, das wir hektisch anrufen, geht leider niemand ans Telefon, also fahren wir unverrichteter Dinge nach Hause.

Den Vogel schießt ein Fuchs ab, den ich meiner Familie »vorführen« will. Bei einem Besuch meiner Geschwister nehme ich sie mit auf ein großes Gelände, auf dem eine Falle steht. Obwohl es dort viele Füchse gibt und wir eine ganze Weile herumfahren, finden wir nichts. Einige Wochen später klicke ich mich durch die Videos meiner dortigen Wildkamera. Ich sehe mein kleines Auto vorbeifahren, mit lauter platt gedrückten Gesichtern an den Scheiben. Eine Runde, eine zweite Runde und dann eine letzte. Das Auto verschwindet um die Kurve. Keine halbe Minute später tritt ein Fuchs aus dem hohen Gras, sieht sich um und spaziert entspannt aus dem Bild. Man könnte manchmal meinen, sie machen das mit Absicht ...

Glücklicherweise gibt es aber auch viele tolle Fuchsaufnahmen im Laufe des Projekts. Insbesondere wenn ich mit Dokumentarfilmern unterwegs bin, die viel mehr Zeit einplanen und oft sogar besser wissen als ich, wo sich das Warten auf die Füchse lohnt. Das ist jedes Mal ein weiterer spannender Blick über den Tellerrand. Mir war vorher nicht bewusst, wie viel getrickst, gemogelt und erdichtet wird, um Tierdokus eine richtige »Storyline« zu verpassen. Mir war aber auch nicht bewusst, dass manchmal mehrere Jahre für eine 45-minütige Doku gedreht, geschnitten und vertont wird.

Das hat auch meine Wahrnehmung als Zuschauerin verändert. Ich liebe Tierdokumentationen. Ich habe sie schon als Kind geliebt und bin aus dieser Liebe offenbar nicht herausgewachsen. Ich kann noch immer andächtig den Flug der Eule in Superzeitlupe verfolgen, mit angehaltenem Atem großen Gnuherden dabei zusehen, wie sie eine gefährliche Furt durchqueren, oder mit der Mutter einer Bärenfamilie mitfiebern, die versucht, genug Lachs zu fangen, um ihre Jungbären zu versorgen. Ich bin auch immer noch zu Tränen gerührt, wenn die alte Löwin sich am Ende ihres Lebens entkräftet im Wüstensand niederlegt oder wenn an allen Ecken und Enden die zerstörerische Kraft des Menschen auf diese fantastische Tier- und Pflanzenwelt offenbar wird.

Was ich jedoch nicht mehr kann, ist, diesen inneren Fernsehkritiker und Insider-Klugscheißer in meinem Hinterkopf auszuschalten, der seit meinen Erfahrungen mit Film und Fernsehen bei jeder Dokumentation auf meiner Schulter sitzt: »Wie lange sie wohl für die Szene gebraucht haben? Sieh an, ein Anschlussfehler. Ah, das ist doch bestimmt ein Filmtier. Ob der Wissenschaftler das so sagen wollte, da fehlt doch bestimmt etwas. Das ist doch gar nicht der gleiche Ort, das haben die doch für die Story zusammengeschnitten.« Und so weiter und so fort.

Doch auch wenn das manchmal nervt, möchte ich den Blick hinter die Kulissen nicht missen. Denn unter den Medienschaffenden gibt es extrem viele Menschen, die abseits von Klischees mit Herzblut und Seele in die Welt anderer Menschen (zum Beispiel die einer an Füchsen forschenden Biologin) einzutauchen versuchen und ihre Leser, Hörer und Zuschauer daran teilhaben lassen wollen. Menschen, die vieles erlebt und gesehen haben und entsprechend Spannendes zu erzählen wissen. Menschen, die viel Zeit und Energie investieren, um teils mit wenig Geld hochwertige Beiträge zu produzieren.

Und es gibt Nerds. Medien-Nerds, die ihre Protagonisten fünfmal aus wechselnden Richtungen eine Böschung rauf- und runterlaufen lassen, um später aus zehn Minuten langweilig herumlatschender Biologin die perfekten drei Sekunden Schnittbild herauszukitzeln. Die ganz vertieft in die Erschaffung ihres Werkes die Protagonistin bitten, eine Mütze aufzusetzen, damit sie wegen des einsetzenden Nieselregens in der nächsten Szene nicht »wie eine nasse Ratte« aussehe, ohne sich der Wirkung des Vergleichs bewusst zu sein (das war im Übrigen einer dieser Momente, die uns beim Drehen einen herzhaften Lachanfall beschert haben).

Mit all diesen spannenden und einmaligen Erfahrungen haben mich »die Medien« letztlich weich geklopft. Ich laufe bereitwillig Abhänge rauf und runter oder schwitze in der Mittagssonne unter meiner Fleecejacke (die am Morgen bei den ersten Szenen noch notwendige Wärme gespendet hat), um Anschlussfehler zu vermeiden. Gelegentlich ertappe ich mich sogar selbst dabei, wie ich mich als Fuchsforscherin bezeichne, oder ich muss schmunzeln, wenn ich merke, dass sich der Name »Fuchs-Lady von Berlin« plötzlich wie ein kleiner Ritterschlag anfühlt …

Neue Perspektiven auf Altbekanntes

Auch die Wahrnehmung der Welt vor meiner Haustür hat sich durch meine Arbeit verändert. Sei es das merkwürdig kollegiale Gefühl, das ich empfinde, wenn ich einen Wagen der Stadtreinigung vorbeifahren sehe (als wären wir Mitglieder eines geheimen Fuchsclubs), oder mein genereller Blick auf die Stadt.

Meine Fuchsbrille lässt mich überall diese andere Stadt sehen, die neben unserer existiert. Ich sehe potenzielle Fuchswelten genauso wie vergangene – in Form einer perfekten Böschung für einen Fuchsbau, vor dem ich vor meinem inneren Auge eine Gruppe Welpen spielen sehe. Wenn ich nachts auf dem Bürgersteig am Waldrand Blicke auf mir zu spüren meine, die mich aus dem Unterholz beobachten, oder wenn ich an Orten vorbeifahre, an denen einer meiner Füchse gelebt hat.

Viele Plätze in dieser Stadt haben durch den Fuchs eine neue Bedeutung für mich bekommen, manche, weil sie das Zuhause eines Fuchses waren oder sind, dessen Leben ich für eine kurze Zeit begleiten durfte. Andere, weil sie sich durch meinen veränderten Blick von neuen Seiten zeigen. Nirgends wird das so deutlich wie bei Friedhöfen.

Es mag paradox klingen, aber Friedhöfe sind Orte voller Leben. Besonders die großen alten Friedhöfe, die nicht zu aufgeräumt sind und ein bisschen wild und windschief sein dürfen. Wo wir unsere Verstorbenen bestatten, strotzt es nur so vor wildem Leben. Viele tierische Bewohner nennen diese friedlichen, stillen Orte ihr Zuhause.

Diese Friedhöfe sind grün, divers und ruhig: Viele verschiedene Pflanzen, Wildblumenwiesen, alte Bäume, gemischte Sträucher und Hecken bilden kleine Oasen der Biodiversität im Großstadtdschungel. Entsprechend gibt es hier eine Menge Insekten und Insektenfresser. Verschiedenste Vogelarten brüten in den Friedhofsbäumen. Man kann Spechte, Rotkehlchen, Kleiber, Meisen und viele weitere Singvögel und sogar Eulen und Greifvögel beobachten.

Die alten Berliner Friedhöfe sind auch die besten Orte fürs Eichhörnchen-Watching. Gehen Sie an einem sonnigen Tag doch mal auf einen Friedhof und setzen sich in aller Stille auf eine Bank. Sie werden die possierlichen roten Tiere an Bäumen auf und ab flitzen, von Wasserstellen trinken und im Gras sitzen sehen.

Der Ohlsdorfer Friedhof in Hamburg ist beispielsweise eine tolle Anlaufstelle, wenn Sie Habichte beobachten wollen. Der Habicht, der ursprünglich bevorzugt Nadelwälder mit altem Baumbestand bewohnte, trug früher den Beinamen »Phantom des Waldes«. Ein Name, den er sich durch seine extrem heimliche Lebensweise erworben hat. Als »Hühnerhabicht« vom Menschen teils massiv verfolgt, lag in dieser Unsichtbarkeit sein Überlebenserfolg. Heute gibt es einige Hundert Brutpaare in Berlin, Hamburg, Köln und anderen großen Städten – und zwar besonders auf Friedhöfen. Die beeindruckenden Greifvögel mit dem schwarz-weiß gescheckten Brustgefieder brüten dort, und man kann sie mit gebührendem Abstand dabei beobachten, wie sie ihre bettelnden Jungvögel mit Futter versorgen.

Auf dem Meidlinger Friedhof in Wien wiederum lebt eine große Feldhamsterpopulation. Der Feldhamster ist eine der am stärksten bedrohten Säugetierarten Deutschlands. In einigen Bundesländern, in denen er einst vorkam, ist er laut dem Rote-Liste-Zentrum, das für die Koordination der roten Listen zum Gefährdungsstatus unserer Wildtiere zuständig ist, bereits ausgestorben. Auch auf der Internationalen Roten Liste, der »IUCN Redlist«, ist der Feldhamster als »critically endangered« geführt. Auf den Stufen nach unten ist dies die letzte vor »in freier Wildbahn ausgestorben«.

Auf dem Meidlinger Friedhof ist davon nichts zu merken. Wo man geht und steht, laufen Hamster herum. Sie sitzen auf Grabplatten, huschen zwischen Grablichtern und Blumenschmuck hindurch und verschwinden immer wieder blitzschnell in einem der unzähligen Eingänge zu ihrem unterirdischen Bausystem. Unter der Erdoberfläche muss der Meidlinger Friedhof wie ein Schweizer Käse aussehen.

Bei einem Treffen mit Wiener und Züricher Kollegen des bereits erwähnten Projekts Stadtwildtiere, in dem Biologen aus der Schweiz, Österreich und Deutschland versuchen, Wildtiere mithilfe von Sichtungsmeldungen durch die Bevölkerung zu erfassen, habe ich das Glück, das Hamstertreiben auf dem Friedhof einmal selbst sehen zu können. Auch wenn es mich traurig stimmt, dass diese Tiere nur noch in wenigen Refugien vorkommen, ist das ein unvergesslicher Friedhofsbesuch, der mir wieder einmal vor Augen führt, wie ungewöhnlich der Lebensraum Stadt sein kann.

Neben Brachflächen sind Friedhöfe möglicherweise die bedeutendsten Hotspots für Biodiversität, für biologische Vielfalt und Leben in Städten. Der ein oder andere mag seine Schwierigkeiten damit haben, Friedhöfe als Orte des Naturerlebnisses zu betrachten, wenn man bedenkt, welche Bedeutung sie eigentlich für uns Menschen haben. Für mich bringt diese neue Perspektive jedoch etwas Positives mit sich. Irgendwie ist diese Art von Leben doch schön an einem Ort, an dem wir der Menschen gedenken, von denen wir uns verabschieden mussten. Mir persönlich gibt dieser Anblick ein Gefühl von Trost im Angesicht des Gefühls von Trauer und Verlust. Es erinnert mich daran, wie groß das Leben ist und wie klein eine einzelne Existenz. Die Vorstellung, nur ein winziger Teil eines großen Phänomens zu sein, hat etwas Relativierendes und damit Tröstliches an sich. Wie eine einzelne Note in der großen Symphonie des Lebens. Kurz ertönt und dann verklungen, dennoch wunderschön und wertvoller Part des gesamten Stücks.

Auch Füchse zieht es auf Friedhöfe. Vielleicht weniger, um philosophischen Gedanken über Demut und unseren Platz in der Natur nachzuhängen, aber doch wegen des Friedens, der dort herrscht. Es sind Orte, an denen Füchse wenig Störungen ausgesetzt sind. Tagsüber bewegen sich Menschen in kleinen Gruppen, leise und ohne Musik, Fahrräder oder Hunde über den Friedhof. Nachts ist er meist gänzlich frei von menschlichem Einfluss. Die vielen Mäuse versprechen reichlich Futter, und insbesondere auf den Wirtschaftshöfen der Friedhöfe, die nur den wenigen Mitarbeitern zugänglich sind, legen die Rotpelze gerne ihre Baue an. Von manchem Friedhofsgärtner hört man gar, dass Füchse mit Vorliebe das Kerzenwachs von Grablichtern verspeisen. Sie mögen wohl den öligen Geschmack.

Einer meiner Projektfüchse lebt auf einem Friedhofsgelände im Prenzlauer Berg. Der Prenzlauer Berg oder »Prenzlberg« ist vermutlich auch dem einen oder anderen Nichtberliner ein Begriff. Der Stadtteil mit seinen vielen sanierten Altbauten ist ein begehrter Wohnort und gilt mit den kleinen, individuellen Lädchen, Mikrobrauereien und Kaffeeröstereien als Zentrum der Hipster. Nah der Stadtmitte und weit entfernt vom nächsten Wald stellt der hiesige Friedhof eine kleine grüne Insel im Häusermeer dar. Der König dieser Insel heißt Oregano.

Sein kleines Reich beschränkt sich fast ausschließlich auf das Friedhofsgelände. Hier findet er reichlich Insekten und Mäuse, und die etwas wilderen, einsameren Ecken des Friedhofs bieten genügend Versteckmöglichkeiten für den Tag. Nachts zieht er seine Kreise entlang der gekiesten Wege, zwischen Grabsteinen und Blumenschmuck. In der Zeit, in der er meinen Sender trägt, verlässt er seinen Friedhof so gut wie nie. Nur die Straße, die das Areal in zwei Teile zertrennt, überquert Oregano häufig, jedoch nur, um auf der anderen Seite wieder auf das Friedhofsgelände zu gelangen.

Die Friedhofsverwaltung und die anderen Mitarbeiter wissen natürlich um ihre Füchse. Man lässt sie in Frieden gewähren und erlaubt mir, meine Fallen aufzustellen. Auch Bienen gibt es auf dem Friedhof und einen liebevoll angelegten Gemeinschaftsgarten des Vereins Grüne Liga, der Oregano auch seinen schönen

Namen gab. Wer weiß, vielleicht zum Dank dafür wählt er gerade diese schöne Ecke des Friedhofs dann auch für das Anlegen eines Baus.

Eine meiner Suchen nach Oregano beschert mir zudem einen weiteren Blick über den Tellerrand. Man könnte dieser Begegnung vielleicht den Titel »Fragen sich zwei Menschen, was der andere da wohl macht« geben. Eine Person läuft an einem grauen Morgen über den Friedhof und sucht ihren Fuchs – das bin ich. Zunächst ganz in die Suche versunken, bemerke ich plötzlich in einer der vielen alten Krypten durch die offene Tür hindurch, dass jemand mit Baustellenbeleuchtung auf einem Höckerchen sitzt und die Decke betrachtet. Ich wundere mich.

Die andere Person ist eine Restauratorin und vielleicht ebenso versunken in ihre Arbeit und die tollen Kunstwerke, die es zu restaurieren gilt. Dann schaut sie auf und sieht draußen vor der Krypta eine Person mit einer großen Antenne scheinbar ziellos über den Friedhof irren – und wundert sich ebenfalls. Die perfekte Voraussetzung für eine spannende Unterhaltung.

Und so erzähle ich von Oregano und seinem Leben und dem der anderen Stadtfüchse und erfahre umgekehrt, wie die Restauratorin versucht, die einmaligen Gemälde an der Decke der Krypta zu erhalten. Dass das Salz aus den Körpern der Verstorbenen in die Luft steigt, sich an den Farbpigmenten der Malereien festsetzt und sie damit langsam zerstört.

Ein faszinierender Einblick in eine andere Arbeitswelt. Ich habe vorher nie darüber nachgedacht, wie viele verschiedene Menschen sich eigentlich darum kümmern, dass unsere schönen alten Friedhöfe so wundervolle Orte bleiben können, wie sie es sind. Man kann auf Friedhöfen also Pflanzen und Tiere studieren, philosophieren und auch seinen Horizont erweitern.

Ich empfehle Ihnen an dieser Stelle von ganzem Herzen einen Besuch auf einem Friedhof, solange Sie noch unter den Lebenden weilen und diesen bemerkenswerten Ort erkunden können. Versuchen Sie dabei, leise, friedliche, respektvolle Beobachter zu sein, im Interesse des Aspekts des Lebens wie des Todes an diesem Ort.

FOX FUN FACT

Der innere Kompass

Bei ihrer Jagd auf Mäuse springen Füchse nicht in alle Richtungen gleich häufig. Tschechische Forscher fanden heraus, dass Füchse den Mausssprung bevorzugt in Richtung Norden ausführen. Beobachtungen an wilden Füchsen zeigten, dass diese Ausrichtung die höchste Erfolgsquote bei der Jagd verspricht. Auf dem zweiten Platz folgen Sprünge nach Süden. Wird nicht entlang der Nord-Süd-Achse gesprungen, sinkt der Jagderfolg drastisch ab. Die Forscher schlossen daraus, dass die Füchse das Magnetfeld der Erde nutzen, um die Entfernung zur Beute besser einzuschätzen.

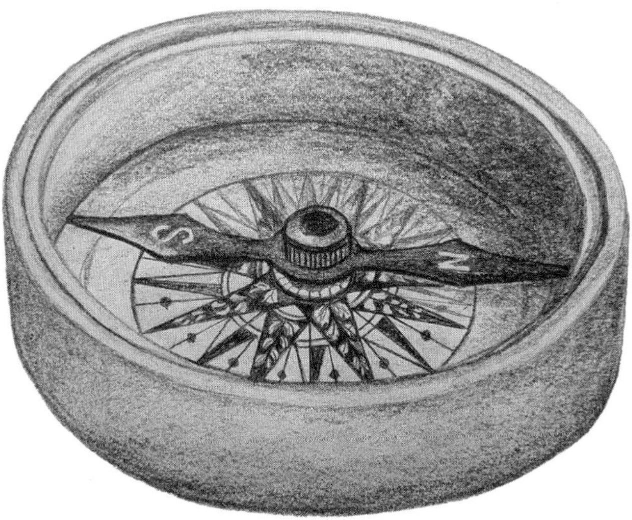

Epilog

Wie findet man ein Ende für eine Geschichte, in der es noch so viel zu erzählen gäbe, weil jede Sekunde Fuchs mit ihrer Großartigkeit eine Erzählung wert wäre? Eine Geschichte, die nicht nur die des Fuchses, sondern auch die meiner eigenen Reise mit den Füchsen ist.

Jeder mögliche Abschluss erscheint mir wie ein harter Bruch.

Es fällt mir auch schwer, das Ende zu schreiben, da ich mich doch nicht nur am Ende dieses Buches, sondern auch am Ende dieser Forschungsreise befinde. Am Ende des Fuchsprojekts und dieser Geschichte wird mir klar: Der Fuchs war nicht nur ein Studienobjekt. Er war eine Quelle für Kraft und Leidenschaft, die ich nach einer schweren Zeit dringend gebraucht habe. Er war ein Antrieb, der mich einen entscheidenden Abschnitt meines Weges getragen hat.

Als ich 26 Jahre alt war, erkrankte ich an Krebs. Einer sehr aggressiven Form, die mit hoch dosierter Chemotherapie behandelt werden musste und die ohne diese Behandlung innerhalb weniger Monate zum Tod geführt hätte. Auch mit Behandlung war der Ausgang ungewiss. Es war Sommer, ich hatte Pläne, und die Diagnose kam aus heiterem Himmel, mehr oder weniger als Zufallsbefund.

Ein solcher Einschnitt ins Leben ist wohl für jeden Menschen ein Schock. Mit Mitte zwanzig, gerade erst das Studium abgeschlossen und noch so wenig gelebt, erschien es mir wie ein absurder Scherz. Ich entschied mich zu kämpfen. Es folgten die Therapie und damit eine harte Zeit, voller Schmerzen, Angst und Hilflosigkeit.

Im Kampf gegen den Krebs haben mir die liebevollen Menschen in meinem Leben Kraft gegeben, und auch mein Hund Curon, der, als ich siebzehn Jahre alt war, als Welpe zu mir kam und den ich auf keinen Fall alleine auf dieser Welt lassen wollte. Mein ältester Freund holte mich manchmal aus der Klinik ab und fuhr mit mir in den Wald. Dort saß ich dann, mit Kittel, Mundschutz und Handschuhen, atmete Waldluft ein und schmuste mit Curon, den ich wegen meines zerstörten Immunsystems eigentlich nicht sehen durfte. Die Erinnerung an diese Momente im Wald ist nicht bitter oder traurig. Ich erinnere mich vor allem an das Gefühl von Freiheit. Natürlich gab es auch schlimme Phasen und psychische Tiefpunkte. Aber diese Erinnerungen verblassen langsam neben den anderen.

Man denkt viel nach, wenn man so unmittelbar mit dem möglichen Ende seines Lebens konfrontiert wird. Man hat ohnehin so viel Zeit, um nachzudenken, Woche für Woche, die man im Krankenhaus liegt und beobachtet, wie ein Tropfen nach dem anderen auf den Flüssigkeitsspiegel im Infusionsschlauch fällt. Man denkt über den Tod nach und über das Leben, darüber, was einem am meisten bedeutet, und auch über die Dinge, die plötzlich gar nicht mehr wichtig erscheinen. Der Wunsch, wieder gesund zu werden und mir das Leben zurückzuerobern, und auch der Gedanke, noch nicht genug erlebt zu haben, um diese Welt zu verlassen, haben mich angetrieben.

Das Schlimmste am Krebs war das Gefühl des Ausgeliefertseins. Mein Leben in den Händen anderer. Gefangen in diesem völlig kaputten Körper. Mit 27 habe ich den Kampf dann gewonnen, aber die Folgen der Therapie schränkten mich ein und gaben mir das Gefühl, weiterhin krank zu sein. Ich bin kein Mensch, der mit Nichtstun gut umgehen kann. In dem Wunsch, aktiv zu werden und auszubrechen aus Opferrolle und Untätigkeit, stolperte ich direkt in das Leben der Füchse hinein. Ich sah die Stellenausschreibung zum Projekt und schrieb meine Bewerbung. Es war nur ein Versuch, ein Akt der Verzweiflung. Mit einer Einladung hatte ich nicht gerechnet. So weit hatte ich ehrlich gesagt gar nicht gedacht. Wenn der Krebs mich eines gelehrt hat, dann, mehr in der Gegenwart zu leben und nicht mehr allzu weit vorauszuplanen. Aber die Einladung kam. Mit meinen ersten neuen Haaren auf dem Kopf setzte ich mich in den Bus von Baden-Württemberg nach Berlin und ging zum Vorstellungsgespräch.

Ich bekam den Job, und nur wenige Wochen nach der Reha war ich mittendrin in meiner neuen Aufgabe. Die ersten Monate waren furchtbar anstrengend. Mein Körper war nicht auf diese Belastung ausgelegt, und eigentlich war ich ständig krank. Noch heute kämpfe ich mit einigen Folgen der Therapie, aber ich lebe und ich forsche. Ich habe tolle Menschen getroffen, Freundschaften geknüpft, jede freie Minute draußen verbracht und so vieles erleben dürfen. Ja, ich habe in diesen knapp sechs Jahren Fuchsprojekt mehr erlebt, mehr gelebt als in allen vorangegangenen meines Erwachsenenlebens. Ich erinnere mich genau an das Gefühl, als ich das erste Mal in diese bernsteinfarbenen Augen blickte und dachte: »Und das hättest du verpasst!«

Rückblickend wird mir die Bedeutung des Fuchses für meinen Lebensweg bewusst. Vielleicht nimmt er auch deswegen diese besondere Rolle für mich ein, und es verbinden mich eine tiefe Liebe und Dankbarkeit mit diesem einzigartigen Wesen.

Haben wir denn nun alle Geheimnisse gelüftet? Noch lange nicht! Ob ich ein Teil davon sein werde oder nicht, ich bin mir sicher, dass Menschen weiterhin Füchse erforschen und weiter fasziniert sein werden. Und doch wird der Fuchs immer ein Geheimnis behalten, das wir ihm nicht entringen können.

Was bleibt? Die Fuchsbrille ist längst fester Bestandteil meiner Weltsicht geworden. Nie wieder werde ich diese Stadt so sehen wie zuvor, sie wird immer die Stadt der Füchse sein. Ich suche sie, wo immer ich gehe. Mein Blick schweift über Böschungen und tastet Gebüsche ab. Ich bleibe noch immer wie angewurzelt stehen und halte inne, wenn ich einen Fuchs entdecke. Ich bin eingefroren, unfähig weiterzugehen, bevor er sich trollt, um nicht eine Sekunde des Erlebnisses zu verpassen. Auch nach all den Jahren und Fuchsbegegnungen hat dieses Gefühl kein bisschen an Intensität verloren. Ich werde weiter über den Fuchs sprechen und für ihn eintreten, mich im Frühjahr wie eine Schneekönigin auf die neuen Welpen freuen, auf der Lauer liegen, um einen Blick auf sie zu erhaschen, und meine altbekannte Fuchsfamilie besuchen. Und ich werde beim Joggen ein bisschen trödeln, damit ich zufällig beim Einsetzen der Dämmerung an der Stelle vorbeikomme, an der er aus der Hecke schlendert, und ich mir vorstellen kann, er hätte auch auf mich gewartet …

Dank

Die Geschichte, die ich Ihnen erzählt habe, hätte ich ohne das Fuchsforschungsprojekt nicht erzählen können. Dennoch zeigt sie nur ein kleines Fragment meiner Doktorarbeit: die Feldarbeit und die persönlichen Erfahrungen, die ein solches Projekt mit sich bringt (besonders wenn man für eine Sache leidenschaftlich brennt). Dahinter steckt eine Menge weitere, wissenschaftliche Arbeit und auch die eine oder andere helfende Hand. So spreche ich in diesem Buch immer wieder von »wir«, ohne jedoch näher darauf einzugehen, wer das eigentlich ist. Das möchte ich an dieser Stelle ändern.

An vielen Arbeiten in diesem Forschungsprojekt waren andere Wissenschaftler und Wissenschaftlerinnen beteiligt: Neben Biologe Konstantin und Tierärztin Janina gab es weitere geschätzte Kollegen wie Alain, den Genetiker aus Luxemburg, der mir die komplizierte Welt der Landschaftsgenetik näherbrachte, und weitere Tierärzte, die einige Nächte Bereitschaft investierten. Geowissenschaftler Moritz zeigte mir, wie sich etwas so Komplexes wie eine ganze Stadt in Landschaftsvariablen abbilden lässt. Darüber hinaus stand er mir als Freund bei vielen Durststrecken zur Seite.

Ebenso half meine Doktormutter Miriam mir nicht nur fachlich, sondern auch mit den richtigen Worten und einer Tasse Tee zur rechten Zeit. Mein Doktorvater Heribert fachsimpelte mit mir über Füchse, über die er zu seiner Zeit ebenfalls promoviert hatte. Und natürlich sollen meine Betreuerinnen Anne, Sylvia und Stephanie nicht unerwähnt bleiben. Mit Anne habe ich spannende Nächte auf Igelsuche verbracht, und die Besenderung von Füchsin Q auf Stephanies Wohnzimmerboden gehört zu meinen skurrilsten Erinnerungen aus dem Projekt. Ihnen allen bin ich dankbar für die Möglichkeit, dieses Projekt durchzuführen – und damit für jedes einzelne der vielen Fuchserlebnisse der letzten Jahre und die Chance, meinen Horizont zu erweitern.

Den Mitarbeitern und Mitarbeiterinnen der Wasserbetriebe, die mich vom Techniker bis zur Leitungsebene mit meinen Kameras und Fuchsfallen offen und freundlich empfangen haben, sei hier von ganzem Herzen gedankt. Die freundlichen Gärtner im Schloss Bellevue streuten trotz ihrer vielen Arbeit gelegentlich eine Handvoll Futter in die Fuchsfalle und packten sogar mit an, wenn die schwere Falle bewegt werden musste. Und auch bei der BSR und an zahlreichen weiteren Orten gab es hilfsbereite und fuchsbegeisterte Menschen, die mein Projekt unterstützt und bereichert haben.

Dafür, dass ich meine Geschichte mit Ihnen teilen konnte, danke ich dem Malik Verlag und meiner freundlichen und hilfsbereiten Lektorin Mia.

Eine Doktorarbeit in den Naturwissenschaften kann langwierig sein und einen manchmal an die Grenzen der Belastbarkeit führen. Meinem Partner Tobi, meinen lieben Freunden und meiner Familie sei daher ebenfalls aus tiefstem Herzen für ihre emotionale Unterstützung im Laufe der Jahre gedankt.

Ein Dank geht auch an Curon, der nicht mehr unter uns ist. Er hätte ihn ohnehin nicht lesen können, und doch ist mir wichtig, dass er hier seinen Platz findet. In unzähligen Stunden im Feld war ich nie wirklich allein. Denn mein großer, weißer Schatten saß auf der Rückbank und beobachtete alles oder begleitete mich beim Telemetrieren durch Straßen, Parks und Wälder. Du fehlst mir.

Zu guter Letzt geht mein Dank an Rudi, Gerlinde, Kalle, Hazel und all die anderen Füchse, in deren Leben ich für eine Weile eintauchen durfte.